湛庐 CHEERS

与最聪明的人共同进化

HERE COMES EVERYBODY

U0333789

大局观从何而来

Thinking Big

［英］罗宾·邓巴 Robin Dunbar
克莱夫·甘伯尔 Clive Gamble
约翰·格列特 John Gowlett

著

刘腾达 译

四川人民出版社

罗宾·邓巴

▼ 牛津大学进化人类学教授
▼ 『邓巴数』的提出者
▼ 高产的畅销书作家

▶ 牛津大学
进化人类学教授

罗宾·邓巴 1947 年出生于一个工程师家庭，少年时的他对哲学及心理学产生了浓厚的兴趣，后来在牛津大学莫德林学院获得了哲学及心理学学士学位。1974 年，他又获得了布里斯托大学心理学博士学位，研究课题为"狮尾狒（gelada）的社会组织"。

2007 年至今，邓巴在牛津大学担任认知及进化人类学学院院长一职。在牛津大学，他探究了行为、认知和神经内分泌机制之间的关系，希望通过了解这些机制在人际关系中所起的作用，将其用于指导人们更好地应对自己周遭的各类关系，帮助他们克服社交生活中的种种障碍。

1998 年，邓巴当选英国科学院院士。他还曾是英国科学院百年纪念项目"从露西到语言：社会脑的考古学研究"的联合主任。2014 年，邓巴获得英国皇家人类学会授予的"赫胥黎纪念奖章"，这也是英国皇家人类学会的最高荣誉。

▶ "邓巴数"的提出者

20 世纪 90 年代，罗宾·邓巴经研究发现，灵长类动物的大脑尺寸与其平均的社会群体规模之间存在相关性。通过大量的实验及观察，邓巴提出，人类个体所能维系的稳定关系数量在 150 左右——人们知道其中的每个人是谁，与这些人保持着一定频率的社会联系，也了解每个人与其他人的关系如何。这个数字又被命名为"邓巴数"。

邓巴数理论被认为是很多社交网络服务及人力资源管理理论的基础。许多互联网从业者，尤其是对社交网络有研究的人，都极力推崇这一概念。微信创始人张小龙就曾公开表示，微信群中的很多功能都是根据这一理论设置的，如群人数在 40 人以内时，可以直接加入，而大于 40 人时就必须得到对方的同意，而大于 100 人时无法通过识别群二维码来入群，这些都是为了保证微信群成员之间相互熟识，实现沟通效率的最大化。

尤瓦尔·赫拉利和 Facebook 公司内部的社会学家卡梅伦·马洛（Cameron Marlow）也都曾表示，邓巴数为他们的研究及社交网络的建构提供了理论基础。了解邓巴数背后更深层次的人类学、心理学及社会学背景，将有助于我们更好地应对互联互通的未来社会。

▶ 高产的畅销书作家

邓巴教授的作品被媒体誉为"带着最新研究和新成果的热气""强劲有力且发人深省"。他的《梳毛、八卦及语言的进化》被畅销书作家马尔科姆·格拉德威尔（Malcolm Gladwell）奉为"大众科学的神作"。年逾古稀的他仍然保持着很高的写作热情。

时隔 20 多年，高速发展的互联网表面上似乎颠覆了人类的社交行为，却没有超越邓巴教授的诸多精彩论述。在《最好的亲密关系》一书中，邓巴提出，互联网虽然提供了新的社交方式，但并没有改变社交的本质。人类本质上而言是一种关系的动物，只有深入理解这一点，我们才能在纷繁复杂的现代社会里过上幸福、自足的生活。《社群的进化》指出，人类社交生活的开展主要受限于大脑新皮层的面积，自人类祖先从非洲一路走来，人类大脑就处于不断增大的进程中，而我们的社群生活也随之发生了各种神奇的变化。

在《大局观从何而来》一书中，邓巴更是提出，我们可以运用处理小规模社群的经验来应对无限连接的互联网社会，充分发掘个人魅力，在社交生活中掌握传播、连接的主动权。而《人类的算法》一书则算得上是邓巴对自己多年的人类学研究的一次总结，人类之所以能够在漫长的进化史上留下诸多浓墨重彩、震古烁今的艺术印记，正是因为我们具有六大卓尔不群的非凡特质。

可以说，罗宾·邓巴在"深度理解社群"四部曲中为读者营造了一个充满趣味又富有指导性的知识体系，他将带领我们深入人类社群生活的腹地，探寻其中相互交织的种种奥秘！

作者演讲洽谈，请联系
speech@cheerspublishing.com

更多相关资讯，请关注

湛庐文化微信订阅号

湛庐 CHEERS 特别制作

社会脑的演化

汪丁丁

北京大学国家发展研究院教授

反复斟酌，我认为只能从 2016 年 10 月 4 日英国皇家学院的临床心理学家论坛第一主讲人的自我介绍开篇。这位主讲人，"Robin Dunbar"，首先需要有一个更优雅的中文姓名。在 2018 年春季学期北京大学我的"行为经济学"（本科生与研究生合班实验教学）课堂的第六周（参阅图 P-1），我详细介绍了他和他的牛津大学实验心理学团队发表于《行为脑研究》（*Behavioral Brain Research*）2018 年 2 月的一篇论文 "The Structural and Functional Brain Networks That Support Human Social Networks"，这一标题，符合脑科学传统的翻译是：《支持人类社会网络行为的脑解剖结构与脑功能结构》。这篇论文的叙事风格是社会学或人类学的，非常不同于以往我在课堂上介绍的那些脑科学文献，根据我的印象，它应当是 2012 年以来在脑科学领域里迅速崛起的"脑联结组学"（human connectomics）张量弥散核磁共振成像技术（我通常译为"全脑拓扑成像技术"）用于研究人类互联网行为的第一篇论文。根据这篇研究报告，互联网社交行为可在 30 天内显著改变被试脑内参与社交的诸脑区之间的脑白质（而不是脑灰质）拓扑结构。注意，根据《神经科学手册》[①]（2004 年），恒河猴的实验表明，脑的功能结构（脑灰质功能区）可在 30 天内显著改变[②]。但是脑的解剖结构的显著改变，必须借助于 2012 年开始实施的"全脑拓扑成像技术"才可检验。从著名的"邓巴限度"（又译"邓巴数"）到社交网络行为脑的研究（参阅图 P-2），结论不变：在几百万年里演化形成的人类的灵长类心智，尚未获得超过邓巴限度的能力，在互联网时代，平均而言，这一限度大约在 150～200 人之间。（邓巴限度是指："A measurement of the cognitive limit to the

① 参阅《神经科学手册》（*Neuroscience*）第4版第24章。
② 参阅我的《行为经济学讲义》第6讲图6-26。

number of individuals with whom any one person can maintain stable relationships." 我的翻译是：一个人与他的任何朋友之间维持稳定关系所需认知能力的限制而形成的朋友人数的上限。）邓巴限度对沉溺于社交网络的年轻人而言是解毒剂，为此，邓巴教授受邀在各地演讲，我也为此写了一篇长文《微信群规模与社会脑假说》①。我推测，一个人的姓名从统计上来看，可以显著地影响他的学说在社会记忆里能够被保存和传播的范围。有鉴于此，我决定为邓巴教授物色更为典雅的中文姓名。2019年2月7日（正月初三）风清月朗的黎明，我反复吟诵"Robin Dunbar"的时候，很可能与民国时期的翻译传统有关，"饶敦博"这个名字自然呈现于我的意识。我知道，这就是他应当有的中文姓名。当时正值寅时，这番议论，发表于我的"跨学科教育在北大和在东财"微信群。那儿的主要成员，我称为"九君子"，我常与他们探讨最初呈现在我意识中的构想。

① 见《腾云》杂志，2018年，第61期。

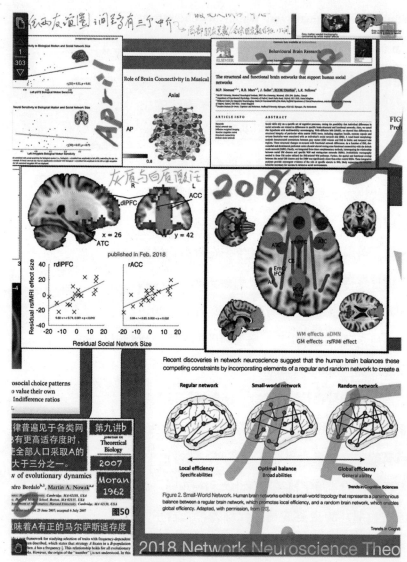

图 P-1 "行为经济学"课堂上所用的课件（局部）

资料来源：汪丁丁 2018 年春季学期北京大学课堂"行为经济学"局部课件
示意图。

Facebook 数据得出的结论：

平均而言，每一个人在这里能够维持交往的朋友人数在 150 ～ 200 人之间。

你可能会列出 100 多位朋友，但你只会跟其中的少数人发生交流。

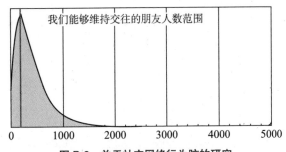

图 P-2 关于社交网络行为脑的研究

注：极少数的人能够维持 5000 人的社交。饶敦博解释说，那些活动主要是学术交往。

资料来源：罗宾·邓巴于 2016 年 11 月 8 日在 Fold7（Creative Agency of London，一家伦敦的创意机构）上的演说视频。

为饶敦博著作的中译本作序，可以十分简单，但不符合我的"思想史叙事"风格。凡我承诺作序，务求将原著作者嵌入他的著作由以形成的历史情境之内，以便呈现这一作者的学术与思想和特定历史情境内的学术与思想整体格局之间的关系。这是我长期以来坚持的"思想史叙事"风格，也是我认为最适合于批判性思考的叙事风格。2019 年 4 月 21 日，仍是寅时，我在 YouTube 见到开篇提及的饶敦博 2016 年 10 月 4 日为临床心理学家做的演讲视频，这次演讲的开场白恰好是他对自己毕生思路的简要介绍。他的这一番自我介绍，实在应当尽快被写入维基百科"Robin Dunbar"词条（这一词条的内容亟待改善）。

饶敦博的思维模式，根据他的自我介绍，从来就是跨学科的。他出生于 1947 年，容我补充注释：在人口学研究中，第二次世界大战之后出生的"代群"（这也是人口学术语）被称为"婴儿潮"（长期战乱后的人口生育率高潮）。资源稀缺，婴儿潮代群内，同龄人之间的竞争，从生到死的人生诸关键阶段，随着代群规模突然增加而突然激化。这是人口经济学的命题，它在中国转型期社会得到了格外丰富的经验支持。也许因为竞争激烈，也许因为斗转星移（根据星相学的预言），互联网时代的开创者们，现在被称为"极客"的这批怪才，大多属于这一"婴儿潮"代群。

言归主题，饶敦博出生于 1947 年，与父亲一样，他在古老的牛津大学读本科，而且与父亲一样，他读本科的学院，是这所千年名校的各学院当中财富排名最高的 Magdalen College①——这家学院"名人榜"里有奥斯卡·王尔德和埃尔温·薛定谔，还有我常引述的与卡尔·波普合写《自我及其脑》的神

---

① 通常被译作"莫德林学院"。——编者注

经生理学家约翰·卡鲁·埃克尔斯（因神经元"突触间隙"的研究获得 1963 年的诺贝尔生理学或医学奖）。在这所学院，他于 1969 年获得心理学与哲学双学士学位。然后他在布里斯托大学读心理学博士，1974 年得到博士学位，论文主题是"狮尾狒的社会组织"。检索可知，狮尾狒仅见于埃塞俄比亚高原，因胸部呈红色又称为"流血的心"。此后，饶敦博开始了他自述的"每 7 年一次的轮回"，"游荡"于不同大学的心理学系、生物学系、人类学系，准确而言，他说，需要 5 年时间发现他其实不属于该领域，再需要 2 年时间寻找他喜欢去的下一个领域。我有同感，诸如饶敦博和布莱恩·阿瑟这样的跨学科人物，很难在大学严重官僚化了的系科管理体制内生存。从博士毕业到现在，饶敦博说，他正处于第三次轮回，下一个领域似乎是整合他自己积累的全部知识，于是意味着创设"演化社会学"。于是有了我这篇序言的最初标题。检索"演化社会学"，我只得到一篇关于英文著作《新进化社会学》的中文简介。又检索英文著作，得到 4 本书，最新的出版于 2003 年，是关于"利他主义与爱"的研究论文集，与饶敦博的学术脉络相关，但毕竟视野不够宽广。

在我自己移动硬盘里的"饶敦博"著作文件夹中，总共有 39 篇文献，涉及相当宽广的领域。综合而言，他的问题意识是"人类学"的，他的研究方法是"演化心理学"的，于是他的学术脉络可概括为"社会脑演化"思路。他为此写了两篇综述自己学术研究的文章，标题只有一字之差：《社会脑的演化》（Evolution of Social Brain）[1]和《社会脑内的演化》（Evolution in Social Brain）[2]。也因此，2014年，他获得英国皇家人类学会的最高荣誉——赫胥黎纪念奖章。

饶敦博于1994年"游荡"到利物浦大学动物学系，并在那儿任教7年，头衔是"演化心理学教授"。在此期间之前的7年，1987—1994年，他在伦敦大学学院。1988年，他发表了博士论文之后的第一部专著《灵长类社会系统》。物竞天择，与参与资源竞争的物种（主要是"猫科"与"犬类"）相比，灵长类是"弱势"群体，由许多偶然因素促成[3]，它们成为"社会性哺乳动物"。这些弱小的猴子们不得不"抱团取暖"，并为群体生活支付相应的代价，例如，相互梳毛的时间。参阅我的《行为经济学讲义》关于"利他行为"和"间接互惠"的讨论，猴子挠背很难，故而它们的闲暇时间大量用于相互梳毛，甲给乙挠背，然后乙给甲挠背，所谓"互惠"。或

① 参阅英国《皇家学会通讯》，2007年，第274卷，第2429-2436页。
② 见《科学》杂志"社会认知"栏目，2007年9月7日。
③ 参阅我的《行为社会科学基本问题》。第1版，上海人民出版社，2017年。

者，甲给乙挠背，然后乙给甲信任的丙挠背，所谓"间接互惠"。灵长类的个体，相互之间信任关系的确立，很大程度上依赖于日常生活中用于相互梳毛的时间。如果"外敌"强大，则对抗敌人的群体规模就要足够大，于是用于相互梳毛的时间也随群体规模的增加而呈指数型的增加（参阅图 P-3）。如果群体成员总数是 N，则足够强烈的信任关系要求亲密朋友之间相互梳毛所需的时间与"2 的 N 次方"成正比。也是因为指数型增加的速度远高于算术型增加，在几百万年的演化中，人类社会仅在最近百多年才走出"马尔萨斯陷阱"。总之，这是饶敦博在《人类的故事》[①]里讲述的因为"时间制约"而导致的"语言梳毛"现象。语言能力（它当然占用了很多脑区）极大扩展了群体规模，45 的 3 倍是 135，这就是最近几十万年人类社会的邓巴限度，中译本《社群的进化》，其实是饶敦博 1988 年这本《灵长类社会系统》的扩充版。

① 此处指"深度理解社群"四部曲中的《人类的算法》（*The Human Story*）这本书。——编者注

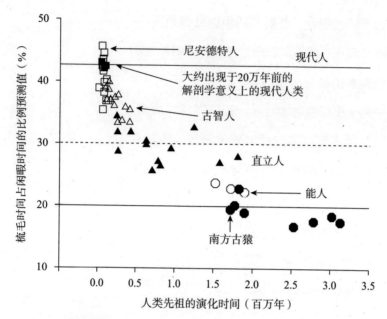

图 P-3　人类先祖梳毛时间占闲暇时间比例

　　注：尼安德特人和现代人类的这一比例都已超过 40%。直立人、能人以及部分南方古猿的这一比例在 20% ～ 30% 之间。晚近的 50 万年，大约在 35 万年前的古智人，这一比例是 35%。

　　资料来源：罗宾·邓巴：《社会脑：心智，语言，演化视角下的社会》（The Social Brain: mind, language, and society in evolutionary perspective），选自《人类学年鉴》（Annual Review of Anthropology），2003 年，第 32 卷，第 163–181 页。

饶敦博真正重要的学术贡献不是"邓巴限度"，而是这一限度的

"社会脑"解释。当然，为确立邓巴限度这一特征事实，饶敦博需要投入足够长期且艰苦的田野观察与数据分析。对社会脑的解释，最佳综述仍是上面引述的 2007 年 9 月 7 日《科学》杂志饶敦博的文章——《社会脑内的演化》，尤其是图 P-4 和图 P-5。这里的图 P-4 表明，个体想象未来以及想象其他个体意图的能力（这是大脑前额叶新脑皮质的职能）受新脑皮质扩张幅度的制约。在这一制约下，最大的群体规模保持在 40 ～ 60 之间。用饶敦博的语言来说，特征数值是 45，也就是 15 的 3 倍，而 15 是 5 的 3 倍。注意，这里出现的三个规模常量——5（家庭生活）、15（洞穴聚集）、45（社群规模），是社会脑在演化中能够支持的社会规模的 3 个关键常量。我在《行为经济学讲义》里讨论过，象群与人群是超越第三常量的少数已知物种（参阅图 P-6）。饶敦博在 2016 年发表的一篇论文《说说这件事儿：闲聊人数是否受心智建模能力的制约？》(Something to Talk about: Are Conversation Sizes Constrained by Mental Modeling Abilities?)①。他在这篇文

① 参阅《演化与人类行为》(Evolution and Human Behavior)，2018 年，第 37 卷，第 423–428 页。

章里认为，参与面对面闲聊的人数通常不会超过4人，因为与人们在白天工作时段交换储存在各自长期记忆里的知识不同，闲聊（统计显示，闲聊内容的2/3是关于其他社会成员的"传闻逸事"）需要的脑区主要涉及短期记忆和工作记忆，但它要求参与者尽可能追随闲聊的全过程并想象其他参与者的意图，以便能及时且恰当应对。由于短期记忆与工作记忆不易追随和想象来自"四面八方"的发言与意图，如果闲聊的人数超过4个，就会有人放弃闲聊（例如"开小会"）。在一篇发表于2014年的论文里，饶敦博考证，火的使用（发生在大约距今160万～15万年之间这样漫长的时期内）与集体狩猎之后凑着篝火烹饪食物（社交餐饮），对强化群体成员之间的信任感至关重要。这篇论文是《围着篝火聊天是如何演化的》①。这篇短文的图1显示，为维持足够大的群体的成员之间足够高的信任感，平均每天，人类需要4个小时以上的闲聊，而"能人"只需要"1小时"的社交时间。仅当语言能力、食物与篝火三者都具备的时候，人类才可在夜幕降临之后有4

① 参阅《美国科学院通讯》，2014年，第111卷，第14013–14014页。

个小时的闲暇时间用于社交。在饶敦博的另外一本书《最好的亲密关系》中，他转述了我在《行为经济学讲义》里有更详细引述的脑科学家塔尼亚·辛格（Tania Singer）的情感脑研究，尤其是她关于信任感的实验。

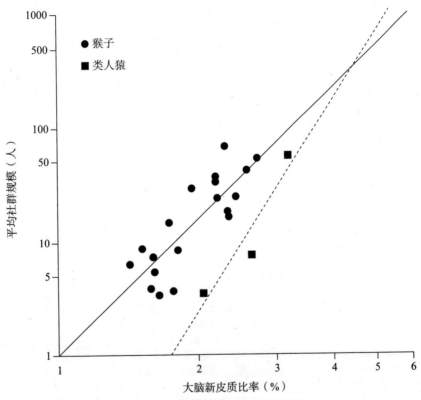

图 P-4　社群规模与大脑新皮质的关系

注：类人猿社会群体的平均规模随着"新脑指标"的上升而增加。此处，"新脑指标"由前额叶体积与大脑扣除前额叶之后其余脑区的总体积之比表示。

资料来源：《社会脑内的演化》，第 317 卷，第 1344–1347 页，图 1。

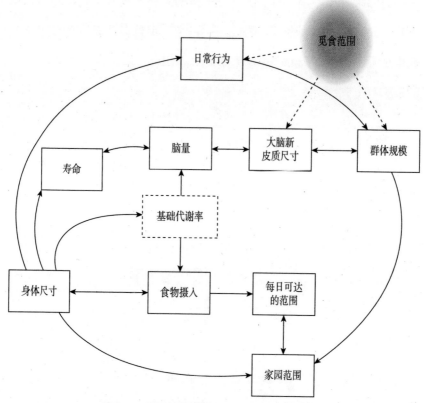

图 P-5　与灵长类脑量的演化相关的三大因素

注：与灵长类脑量的演化显著相关的三大因素：觅食范围、日常行为、大脑前额叶（新脑皮质）的尺寸。这三大因素更像是演化的制约条件，而不像是演化的驱动变量。这张图的核心部分是基础代谢率（BMR），第一，为维持必要的营养与代谢水平（首先由身体的尺寸决定）而必需的脑量，这一脑量与个体寿命（也受身体尺寸的影响）相互影响。第二，身体尺寸与食物摄入（由基础代谢水平决定）相互作用。第三，身体尺寸和食物摄入（通过每日可达的范围）决定了日常行为与觅食或家园的范围，而这一范围依赖于由信任度足够高的个体构成的群体的规模。新脑皮质（前额叶在最近 50 万年甚至最近 5 万年里扩张形成的部分）必须适应这三方面的约束：第一，外在威胁；第二，群体规模；第三，脑容量允许的新脑皮质扩张幅度。

资料来源：《社会脑内的演化》，第 317 卷，第 1344–1347 页，图 2。

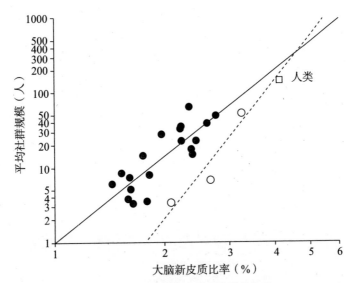

图 P-6 社群规模与大脑新皮质的关系

注：这张图选自饶敦博 2003 年发表于《人类学年鉴》的综述文章，与图 P-4
不同，这里出现了人类样本，群体规模的均值在 100 ～ 200 之间。

资料来源：汪丁丁：《行为经济学讲义》，上海人民出版社，2011 年。

上面介绍的饶敦博 1988 年的专著和 2007 年的两篇回顾文章，足以
说明他长期以来的核心思路是"社会脑的演化"（机制、功能、个体发
生学与群体发生学）。我为图 P-5 写的注释结论是，新脑皮质（前额叶
在最近 50 万年甚至最近 5 万年里扩张形成的部分）必须适应三方面的约束：
第一，外在威胁；第二，群体规模；第三，脑容量允许的新脑皮质扩张
幅度。我在介绍关于非洲大象的行为学研究报告时，借用詹姆斯·布坎
南（James M. Buchanan）关于"集体决策"的成本分析画过一张草图（参
阅图 P-7）来演示由生命个体组成的任何群体的"最优规模"。

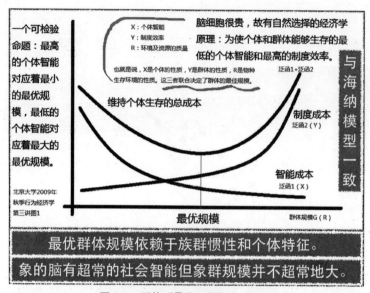

一个可检验命题：最高的个体智能对应着最小的最优规模，最低的个体智能对应着最大的最优规模。

X：个体智能
Y：制度效率
R：环境及资源的质量

也就是说，X是个体的性质，Y是群体的性质，R是物种生存环境的性质。这三者联合决定了群体的最佳规模。

脑细胞很贵，故有自然选择的经济学原理：为使个体和群体能够生存的最低的个体智能和最高的制度效率。

维持个体生存的总成本

制度成本
泛函2（Y）

智能成本
泛函1（X）

泛函1+泛函2

与海纳模型一致

北京大学2009年秋季行为经济学第三讲图1

最优规模

群体规模G（R）

最优群体规模依赖于族群惯性和个体特征。

象的脑有超常的社会智能但象群规模并不超常地大。

图 P-7　群体"最优规模"草图演示

注：群体规模增加导致制度成本上升，这完全借助于布坎南关于集体决策的成本分析。需要注意的是，布坎南的分析只是关于"民主"制度的，而我在这里所做的推广适用于群体可能演化获得的任何制度。例如，在"利维坦"（诸如"独裁"或"威权"统治）与"无政府"这两种极端制度之间，大多数人宁愿接受"利维坦"也不愿接受"无政府"，假如民主政治继续缺失或成熟缓慢，这当然就意味着在相当长的一段时间里，为了维护群体规模，规模庞大的群体仍然会接受威权统治。总之，一方面，经过这样一些扩展、讨论以及相应的假设，不难画出一条随群体规模增加而向右上方倾斜的曲线，我称为"制度成本"曲线。另一方面，更大的群体规模可以用更短的时间积累更多使群体成员顺应对环境不确定性的知识存量，因此降低了对个体智力的需求，于是不难在若干假设下画出一条随群体规模增加而向右下方倾斜的曲线，我称为"智能成本"曲线。维持个体生存的总成本曲线，是"制度成本"与"智能成本"这两条曲线的纵向叠加，总成本曲线的最低位置在横轴上的投影，就是维持个体生存所需的群体"最优规模"。后来，2018年，我见到饶敦博发表的一篇论文，有与我的布坎南"权衡曲线"类似的主题。这篇论文为《最优化人类社群规模》（Optimising Human Community Sizes），详见《演化与人类行为》，2018年，第39卷，第106–111页。

资料来源：汪丁丁：《行为经济学讲义》，上海人民出版社，2011年。

　　我这篇序言显得过于冗长，因为我必须调用我保存的 39 篇饶敦博的作品来说服读者相信，贯穿饶敦博全部主要作品的是"社会脑"假说。基于这一假说，未来 10 年，不难预期，饶敦博的研究，如他自己所称，将为我们带来新的社会学——演化社会学，这一思路十分明确地呈现于《大局观从何而来》（*Thinking Big*）中。这是他的第三次"轮回"，注意，他在牛津大学已逗留了 7 年，于是需要为他物色下一个"系科"。

理解自我，
突破思维的局限

　　拥有大局观是一种非常人性化的行为。人类具有超凡的想象力，并且可以借助这种想象力去回溯过去、展望未来。我们在电影和文学中大饱眼福，在人类心智的创造力中流连忘返。在适应大都市生活的过程中，我们从容不迫地革新着社会网络。身处全球经济之中，并在全天候播放的新闻里了解自身所处的世界。但是，在这所有的大局观之外，我们仍旧保有一些本性的目光短浅之处。我们的认知能力使得自己只能够处理好少量的人际关系。尽管地球的人口规模是以指数级增长的，然而，我们的核心本质，仍旧不过只是自身进化史上小型社群生活的产物。

　　我们想要在本书中探讨的内容是，我们所拥有的能够进行大局思维的社会性大脑是如何进化产生的。我们将通过观察我们自身，观察与我们亲缘关系最亲近的猿类和猴子，以及观察我们祖先的颅骨及人工制品来做到这一点。人脑的脑容量与人类所生存的社群规模之间存在着某种联系。我们将会验证这一想法：正是社会生活驱动了人类最具辨别性的特征的进化，这个特征就是人脑。

大局观能力也是人类进化故事的一部分。我们想要更加深入地了解人类这一重要特质，因此，我们承担了个为期 7 年（2003～2010）的课题。这一课题由英国科学院资助，是其百年诞辰庆典的一部分。我们将这个课题命名为"从露西到语言：社会脑的考古学研究"（Lucy to Language: The Archaeology of the Social Brain，简称"露西课题"）。在接下来的内容中，你将会了解到，我们的祖先是如何从一个脑容量很小的生物，进化为拥有大局思维的全球物种的，我们把这一进程称为露西的旅程。

露西课题是一个跨学科的协作项目，其基础理论由英国科学院主席亚当·罗伯茨爵士（Sir Adam Roberts）所建构。罗伯茨指出，人文与社会科学的公共价值在于："人文科学所探究的是人之为人意味着什么，语言、思想、叙事、艺术和工艺品，这些可以帮助我们理解自己的生活以及身处的世界；我们是如何创造了它们，又是如何被它们所塑造。社会科学所追求的是，借助观察和反思，了解支配个体和群体行为的模式。两者的结合使得我们能够更好地理解我们自身，我们的社会，以及我们在这个世界所处的位置。"这段话概括了露西课题的主旨——探索过去和当下，为我们在地球上的出现以及我们的行为方式提供一个全面的解释。

任何一项长期的研究课题都会被生命的自然节律所铭刻。我们在进行此次研究的过程中，有 5 个婴儿出生了，他们之中没有一个人叫露西！我们很高兴地看到，他们的社会脑发育得非常迅速。

克莱夫·甘伯尔

约翰·格列特

罗宾·邓巴

想进一步了解人类的大局观能力从何而来吗？
扫码下载"湛庐阅读"App，搜索"大局观"，
听作者罗宾·邓巴亲自讲给你听！

什么是彩蛋 | 彩蛋是湛庐图书策划人为你准备的更多惊喜，一般包括①测试题及答案 ②参考文献及注释 ③延伸阅读、相关视频等，记得"扫一扫"领取。

CONTENTS
目 录

PART 3　　大局观的进化优势

THINKING BIG

HOW THE EVOLUTION OF SOCIAL LIFE SHAPED THE HUMAN MIND

社群生活让人类
拥有大局观

人类的进化史是一个令人迷醉的故事，
无数人前赴后继地倾倒在它的魅力之下。

- 社会脑理论：我们的脑容量与基本的社群规模存在某种关系。社会脑理论可以对社群规模的大小做较为精确的预测。

- 社群生活是推动大脑进化的主要原因，最终使人类拥有了能够回溯过去、展望未来的大局观。

- 人类的进化路径：700万年前非洲森林中极其普通的古猿，经历了云谲波诡的进化历程，最终成为我们所在星球的主宰。

人类的进化史是一个令人迷醉的故事，无数人前赴后继地倾倒在它的魅力之下。人类进化过程中的丰功伟绩埋葬在过去漫长的岁月中——一只普通或者说平庸的非洲类人猿，开始在生活方式和身体形态上发生转变，借助于这种转变，它最终成为这个星球的主宰。直到20世纪，我们才开始真正领悟到这个故事的华美波折，才发现曾经令这只类人猿面临死亡威胁的不确定时刻。

　　大约在700万年前，人类和黑猩猩的祖先还是同一个物种：一种小型的、普通的非洲中新世①古猿。在最近的5000年间，我们结束了这一部分的进化故事，人类成为唯一能够在地球上所有的陆地环境中定居的物种。从热带森

① 中新世的时期大约是在2300万年前到530万年前。其后分别为上新世（530万年前到260万年前）和更新世（260万年前到11700年前）。

林到北极冻原，从山地高原到边远海洋中的孤岛，你都可以找到人类的踪迹。在这段漫长的历史进程里，人类大脑的容量增大了两倍，我们的科技也从简单的石制工具演变成如今的数字奇观。我们直立行走、能说会道、创作大量的艺术作品，我们以宗教、政治和社会生活的名义为这个世界创造出了巨量的复杂系统。我们彻彻底底地与猿类划清了界限。

在这 700 万年的时光里，人类大多数时候都并不孤单。远古的祖先们常常都要和与他们具有亲缘关系的物种分享共同的生存空间。这种古老的格局大约在 10 万年前开始转变，彼时，与我们一样的现代人离开了非洲，并开始穿越旧大陆。更为古老的人种，如欧洲和亚洲西部的尼安德特人则被现代人所取代，最终灭亡。这批现代人同样也跨越了旧大陆的界线，并开始首次进驻澳大利亚和美洲。到了 1.1 万年前，地球上最后一次冰川期结束时，我们已经成为这片土地上唯一的人类。从进化的角度上讲，智人只能孤军奋战了。

很快，我们也成为一种全球性的物种。一方面，农耕的发展促进了城市的出现、文明的诞生和人口的大规模增长；另一方面，植物的驯化为太平洋的遥远航行储备了食物，同时，对动物的驾驭能力使得人们得以穿越酷热与严寒交替的沙漠。而这些都发生在 5000 年前。难怪在航海时代，欧洲人发现，各大洲都有人类活动的踪迹。此外，探险家一次又一次勘探智人生活的历史环境。当时，作为一个单一的生物学种群，智人通过种群内的交配繁衍生息。

我们的身体和大脑仍旧背负着这700万年的历史。将我们自身与类人猿的解剖结构进行比较，我们可以获得一种科学的洞见，这种洞见对我们理解人类的进化过程至关重要。遗传学的革命也为我们提供了新的证据，我们开始借助现代人和古代人的DNA比较，来追溯我们祖先的谱系。人类祖先的骨骼、颅骨和牙齿化石，也因其所内含的进化信息而受到法医学的关注。与此同时，考古学家为人类科技的发展和一些关键问题的解决（如饮食习惯和确保食物稳定供应的行为习惯等）绘制出了图表。所有这些努力，使得我们对自身早期历史的了解更为翔实和丰富。

在20世纪60年代末，三位笔者开始了自己的科学事业，当时关于人类进化的研究状况与现今有着很大的差异。那时只有很少的化石，利用科技手段来测定化石年龄的方法也尚未成熟，主要使用的是放射性碳测定年代法。探勘遗址和获取资料都很困难，而且花费颇高，直到1970年，大型喷气式客机出现，这一状况才得以改善。当时的计算机大到会占据整个地下室，并且必须要用穿孔卡片来编制程序。那个年代根本就没有触摸屏或者搜索引擎，当时，还是研究生的我们所拥有的最奢侈的设备就是一台影印机，而把图像印在光面纸上的造价同样高昂。

技术变革的速度以及有关人类早期起源新数据的建立速度，很容易就会让一个人眼花缭乱。与当下的成果相比，最初的努力总会显得细微而渺小。但渺小并不等同于微不足道。我们将在本书中向读者证明，所有精密科技的重大变革都在将我们引向人类由来已久的问题。这些问题关涉的就是我们的社会生活，而在研究自身起源的过程中，我们很大程度上都忽视了远古社会生活的意义。

在本书中，笔者的一个主要论点是，人类的大脑，或者更确切地讲，人类的脑容量，与基本的社群规模之间始终存在着某种联系。人类作为单一的全球物种，为何能够生存在里约热内卢这样规模的超大城市之中，并凭借着每日所吸纳的巨量信息来管理我们的生活呢？这种联系就是我们理解上述问题的关键。今日的全球公民从根本上说仍旧只是普通的社会人，其所贯彻的社会生活在本质上非常类似于50000～5000 年前的个体生活。

这种社会生活的核心是，你的社交网络的规模存在着大约 150 人这个数量的限制。"150"被称为邓巴数（Dunbar's number）。罗宾·邓巴对此做了相关研究，并最终确立了这一数字。这一限度几乎是黑猩猩的 3 倍之多，它也引出了一个人类进化学的问题，这种交友数量的增长是如何产生的？同时，我们也无法再规避另一个问题：如果这个限额是 150 人，那么，我们又怎么可能生活在如此巨大的城市之中，并组建起诸如美国这样人口众多的国家呢？

我们在本书中的目标是追溯人类的进化之旅——从一个微小的开端到如今的主宰地位。我们的主要向导是心理学家和考古学家，当然，这其中也会涉及许多其他学科。我们将从社会学的视角出发来研究人类进化的过程，并阐明以下几个核心问题：

- 人类大脑的认知能力是否存在着某种局限，它限制了我们所能够组建的社会群体的规模吗？

- 如果是如此，我们的认知能力又是如何演进以应对不断增大的人口规模的，我们的社会形态是如何从微小的猎人团体演变为如今的超级大都市的？

- 鉴于我们祖先的脑容量要比我们小得多，当我们讨论遥远过去的社会生活时，我们能够在多大程度上理解他们？

- 是否真的有可能指明，原始人的大脑是在何时转变为人类的大脑的？

这个问题列表当然还可以列得更长，但这些核心问题所牵涉的是我们最感兴趣的社会学问题，而不是要探讨我们祖先的科技或建筑发展史。它们也指明了我们所关心的认知问题——我们是如何行动和思考的，这种行动和思考的习惯又是如何形成的。我们的研究方法以进化论为基石，我们的目标是将实验科学（如心理学）中的洞见应用到历史科学（如考古学）之中。这是一次鲜有的尝试，并且，它也不可能轻松。但首先，我们要向你提供一些背景资料。

2002 年，主管英国人文和社会科学研究的国家机构英国科学院发起了一次科研项目竞赛，以庆祝其成立100周年。英国科学院计划赞助人文和社会科学领域的一项重大研究课题，这将会成为他们有史以来最大的一笔单项拨款。尽管笔者三人的个人观点和研究兴趣存在很大的差异，但我们大部分的科研生活都同样奉献给了人类的进化故事。我们三人之中有一位是研究旧石器文化的考古学家，他一直都专注于非洲的研究工作；另一位是社会学领域的考古学家，他的兴趣主要在于研究旧石器时代晚期的欧洲社群；第三位是一位进化心理学家，他的主要兴趣是研究人类和灵长目动物的行为。

考虑到英国科学院的科研竞赛项目所能提供给我们的巨大机遇，我们觉得应该接受英国科学院抛下的这一挑战。我们能研究一个人所能够问出的最为宏大的问题（我们是如何成为人类的？），并且能够为这一问题带来新颖的专业知识。过往，有关人类进化的研究都不得不集中于有限的实物证据（石头和骨头），而如今，我们幸运地站在了一个新的角度，可以利用近期有关社会行为和大脑进化的发现，来阐明这些石头和骨头的重要性及意义。此外，考古学属于英国科学院的人文科学部分，心理学属于社会科学部分，因此，我们的研究其实是在科学院主管的两个分支学科之间架起了桥梁。我们可以借此完成一个经典的跨学科研究案例，这样的想法激励着我们，让我们聚到一起并呈报了申请。

这种努力所带来的可能性似乎是无穷无尽的。学术界才刚刚着手处理心理学和考古学的整合问题。在过去的几十年间，人们见证了认知考古学的产生。这一学科是在英国考古学家科林·伦弗鲁（Colin Renfrew）和美国考古学家托马斯·温（Thomas Wynn）的推动下建立起来的，其主要研究方向是了解工具制造和艺术创作的认知需求。然而，我们近来对自己的近亲——猴子和猿类，有了更多的了解，脑进化领域的研究也在不断展开。这些使得笔者相信，我们能够对古人类的社会生活做出更多的解释（见表 0-1），在回溯过去时也可以走得更远。这些都是大多数认知考古学家先前不敢去做的。特别是社会脑理论（大脑的进化使得像猴子和猿类这样的动物得以处理异常复杂的社会生活）为我们探索古人类社会的进化提供了新的洞见和大量待开展的研究机会。

表 0-1　人类进化的常用术语表

术语	含义
类人猿亚目（Anthropoids）	所有灵长目动物（猴子、类人猿及它们的祖先）、人族和人类
人科（Hominids）	类人猿（大猩猩、红毛猩猩、黑猩猩、倭黑猩猩、长臂猿）、人族和人类
人族（Hominins）	人类所有的化石祖先：地猿属（Ardipithecus）、南方古猿属（Australopithecus）、人属（Homo）
人类（Humans）	只有现代人，智人
解剖学意义上的现代人（Anatomically modern humans）	智人（但没有实质证据表明他们拥有我们的文化，包括艺术、墓葬、饰品、乐器等）

我们申请的课题被命名为"从露西到语言：社会脑的考古学研究"，颇为宏大。露西是一具颇有代表性的早期南方古猿化石，由古人类学家唐·约翰森（Don Johanson）和他的团队于 1974 年在埃塞俄比亚的东北部沙漠中挖掘出土。露西的名字源自甲壳虫乐队的歌曲《钻石星空下的露西》（*Lucy In The Sky With Diamonds*），因为当化石被发掘出来时，研究人员的录音机里正在播放着这首歌曲。露西是保存最为完好的早期占人类化石，它和它的家人大约生活在 350 万年前。因为南方古猿与我们平凡的猿类祖先有许多相似之处，至少在脑容量上是如此，所以，从这里来开启我们的故事似乎最为恰当。语言标志着现代人类的出现，这是我们自己的种群，因此，语言也是人类的故事的自然终点。我们的课题就这样起了名字。

在提交了课题申请后，我们所能做的就只有静候佳音了。如今这个年代，在任何国家获得研究经费资助都不容易，所以，我们对申请结果也没有抱任何奢望。众所周知，英国科学院的科研资助比例非常低，只有大约 10% 的申请最终能够获得拨款，尽管几乎所有申报的课题都新奇、独创而又令人激动万分。我们已经做好了充分的准备，去经历一场无可奈何的失败。而当我们听说自己的课题已经入围并进入最后的面试阶段时，我们既兴奋又惊讶，胜利在望了！

当然，故事的最后是一个完美的结局，否则就不会有这本书的出版了。我们的课题被推选为英国科学院诞辰百年的纪念项目。这次竞

争远比我们想象的更为激烈。有超过 80 份课题申请呈报了上去。在
这种情况下，许多激动人心的课题都惨遭淘汰，其后也必然会伴随着
申请者咬牙切齿的神态。但是，既然这个长达 7 年的课题有了充足的
资金支持，那么，我们首先要做的就是召集一个由年轻研究人员组成
的团队，并开启一场驶入未知领域的冒险旅程。本书所讲述的就是我
们这次的冒险故事。

现代社会中的邓巴数

我们课题核心就是社会脑理论。这一理论早在 20 世纪 70 年代就
已经被断断续续地表述了出来。当时，有些科学家指出，猴子和猿类
的大脑－身体比例要远大于其他动物。鉴于此，一些灵长目动物学家
开始或多或少地独立提出，其中的原因在于，猴子和猿类生活在异常
复杂的群体之中。20 世纪 80 年代，圣安德鲁斯大学灵长目动物学家
安迪·惠顿（Andy Whiten）和迪克·伯恩（Dick Byrne）指出，使得
灵长目动物社群如此复杂的正是这些动物自身的行为。一支猴子团体
与一个蜂巢的蜜蜂并不相同，蜜蜂尽管有着极为复杂的组织结构，但
其本质只不过是不同的个体被编码来执行不同的任务。蜜蜂的分工在
很大程度上是严格的化学信息管理的结果：蜜蜂个体并不是自愿去选
择工蜂、雄蜂或者蜂王的角色，而是被迫去执行这样的角色，其原因
就在于，它们自身的基因编码以及其他蜜蜂给予它的化学信号的综合

影响。猴子则与此相反，它们是受自身心理因素约束的个体，它们会依据特定环境下的迫切需求来调整自身的行为，同时，猴子也能意识到自己所置身的环境。

灵长目动物社群的复杂性产生于个体间微妙的相互作用。每个领域的灵长目动物学家都会告诉你，正是猴子群体日常生活中的肥皂剧造就了它们自身的魅力及其复杂性。惠顿和伯恩发现，在关乎生命的伟大竞赛里，猴子和猿类始终都在施展各种诡计以欺骗和蒙蔽彼此。一只猴子可能会鬼鬼祟祟地藏起美味的水果，以防这些水果被其他猴子发现；或者，它可能会发出警报以分散其他猴子的注意力，让同伴不会发现地上的块茎植物，好留待自己以后慢慢挖出享用。惠顿和伯恩将这种现象命名为马基雅维利智力假说（Machiavellian intelligence hypothesis），以纪念意大利文艺复兴时期的政治哲学家尼科洛·马基雅维利（Niccolò Machiavelli）。马基雅维利的经典著作《君主论》用细腻的笔触指明，狡黠的政治谋略能够帮助一位中世纪晚期的统治者获取成功和长寿。

马基雅维利智力假说只是在含糊地暗示，灵长目动物政治与人类政治同样诡计多端。这招致一部分人的反对。因此这一理论的名称随后也发生改变。社会脑理论就是在这种情况下应运而生的。其中部分原因是，人们认识到，不仅猴子和猿类的行为复杂程度至关重要，群体规模也是如此。在 20 世纪 90 年代，这些争议终于尘埃落定。

当时的研究表明，某一物种的社群规模与它们的大脑容量相关（见图 0-1）；或者，更确切地讲，社群规模与它们的大脑新皮质的体积相关。大脑新皮质位于大脑的外层，它所包围的是我们称之为旧脑的区域，旧脑指脑干和中脑，包括边缘系统和控制身体的自主活动的部分。在灵长目动物进化过程中，大脑新皮质的体积发生了急剧的膨胀。正是这种新皮质体积的急剧膨胀，使得灵长目动物的大脑容量超过了其他哺乳动物。大脑新皮质最早出现于哺乳动物的谱系中，尽管鸟类的大脑中也存在着相当一部分的新皮质。

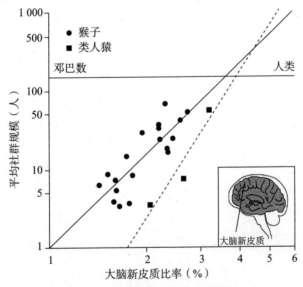

图 0-1　社群规模与大脑新皮质的关系

该图表示不同种类的猴子和猿的大脑新皮质比率及其相对应的社群规模。新皮质位于大脑的外层，负责复杂思维。大脑新皮质比率（新皮质的相对体积）是新皮质体积与大脑其余部分体积的比值。这样，我们就标准化了脑容量的大小差异。

　　6000万～7000万年前，灵长目动物作为哺乳动物纲中的一个独特群体首次出现，之后它们的大脑新皮质的体积就在逐渐增大。这是因为这一物种在不断进化着。新皮质覆盖了我们称之为爬虫脑的部分，并允许哺乳动物以更为精细化的方式来调控自身行为，以应对日常生活中的迫切要求。尽管行为的复杂性及其背后的心理基础是社会脑理论的主要内容，但实际的结果却似乎是，某个物种的脑容量为该物种的社群规模设定了一个限制。当一个物种的群体规模超过了该物种所特有的限定时，它们的群体就会崩解，因为这些动物们无法再掌控好彼此之间的亲密关系了。

　　其中，有两个因素十分重要。一个因素是猴子和猿类的心理复杂度，以及它们制定谋略和欺骗他者的外显能力；另外一个因素则在于，这种社会认知是一种消耗巨大的心智计算：大脑的神经细胞必须卖力工作才能完成相应的任务。在之后的章节中，我们将会仔细审视这两个因素，但就目前而言，我们只会告诉你，这两个因素之间存在着密切的联系。我们已经能够证明，人类所拥有的社会性技能依赖于一种被称为心理阅读或心理化的能力——理解或者推断另一个体的想法的能力。这一能力使得我们能够将另外一些人的意图铭记在心，这样我们就能调整自身的行为，让我们在达成特定目标的同时照顾到他人的利益。此外，我们还能够证明，这种理解多个个体心理状态的能力，在很大程度上取决于大脑新皮质特定部位的皮层体积。这些皮层位于大脑的额叶及颞叶，它们形成了一个对心理化功能非常关键的神经簇网络。

社会脑理论的一个重要应用让我们感到尤为有趣，它能够对人类社群的规模做出精准预测。根据猿类社群规模大小与它们的大脑新皮质体积之间的关系方程，能够预测出现代人类的自然社群规模大约是150人左右。正如我们之前所提到的那样，这个数字被称为邓巴数。这一点在我们的研究中非常重要，其中的一个原因在于，图0-1所示的关系包含了自黑猩猩到现代人之间的所有过渡个体：我们所有已经灭绝了的古人类祖先，一定就处在这两个点的连线之间。我们的任务就是计算出它们的存在坐标，以及这个坐标对它们的社会和心理生活的潜在意义。

社会脑理论预测人类在自然状态下会形成一个150人规模的社群。这是千真万确的吗？我们只需要探看一下大多数人现在所生活的环境，就能找出那个显而易见的答案：居住在城镇和城市中的人口数量要远远大于150人。事实上，现在世界上许多超级大都市的人口数量都超过了1000万。那么，社会脑理论为什么会给我们如此微小的一个数字呢？也许，理论本身就是错误的。或者，这个理论是在告诉我们，这些被一堆盘根错节的电线、小巷和污水管道连接在一起的人，对我们的社会来说并没有承载太多的意义。

　　我们可以居住在一个几千万人口的大城市中，但我们个人的社交圈子，也就是由我们真正认识的人组成的小世界，仅仅是由一个150人的小型团体组成的。如果第二个猜想是正确的，那么，邓巴数所关注的，也许就是能够与我们建立起交情的个体数量。毕竟，那个关于猴子和猿类的原初方程，所涉及的就是那些在日常生活中生活在同一群体中的个体。

　　这类群体都很小，除了一些特殊情况外，这些动物每天从早到晚都会见到彼此。然而，你无论如何都想象不出，生活在伦敦、纽约、孟买或北京的所有人能够在每天都见上一面——更不用说再和来自其他城市的人见上一面了。而且即便他们鬼使神差地都见过面了，他们也一定无法进入彼此的记忆。实际上，我们记忆中能够叫上名字的面孔，数量大概在1500～2000之间，这一数字甚至小于现代社会中一个小村庄的人口数量。

　　这样的谜题让我们开始思考。为了验证社会脑理论的预测，我们到底需要什么样的证据呢？似乎有两个显而易见的地方需要我们去一探究竟。一是我们在进化进程的大部分时期所身处的小型社会。现在，我们的周围仍旧存在着这样的小型社会，但是，他们都被当作微贱的部落，甚至在现代世界的边缘地带。他们所采取是我们在狩猎－采集者社会看到的组织类型，例如，南部非洲的卡拉哈里桑族（Kalahari

San），东部非洲的哈扎人（Hadza），或者南美洲热带雨林中的许多部落，以及历史上的澳大利亚土著居民。另外一种可能性就是去探看我们自身以及我们的社交圈子，即由与我们存在社交关系的各个个体所构建的网络。

在狩猎－采集者社会中，社群文学的存在微乎其微，其中的部分原因是人类学家并没有竭尽全力地去收集相关数据。此外，还有一个原因导致了研究上的混乱，事实上，科学家最初并不知道，在狩猎－采集者社会中多少位成员才能算作一个社群。许多人都相信，在狩猎－采集者社会中，基本的群体单位应该是在日常生活中一起扎营休息的一群人。这一猜测不无道理。然而，这样的群体规模在35~50人之间，只有邓巴数的1/3。

不过，狩猎－采集者社会与我们的社会一样，它由各种类型的群体组建而成，存在着层次分明的组织结构——家族成员聚集为亲属团体，亲属团体聚集为村落，村落聚集为更大的区域性群体。最后一个组织结构引起了我们特别的注意，因为正是这个级别的社会组织，其群体规模的大小恰好符合我们的预测。区域性群体的平均人口数量精确地固定在150人左右。因此，我们现在已经有了一些证据可以证明，人类自然社群的规模完全符合社会脑理论的预测。

如果你从高处俯瞰一组人类群体，那么，你将会看到如图 0-2 所示的组织结构，这张图是依照人们在地理空间上的分布绘制的。

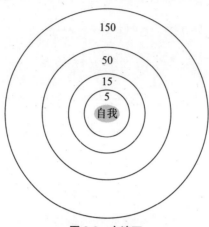

图 0-2　友谊环

一般而言，个体的社交网络由朋友和亲人组成，共计150人。每一层级都
代表了不同程度的亲密关系。每一层级的规模大约都是它相邻内层层级的3倍。
4个层级大致相当于密友、至交、好友、朋友。

但是，如果我们自下而上观察，也就是从个人的角度观察，个体
的社交网络规模又会是怎样的呢？关于这一点，我们最初是在人们寄
送圣诞贺卡时进行求证的。每一年，我们中的许多人都会坐下来，花
上大量的时间、精力和金钱来寄送圣诞贺卡给那些我们想要保持联系
的人。在某一年，我们要求45位被试列出一张名单，这个名单要包
含所有他们过去常常寄送贺卡的人。图0-3所显示的就是此次贺卡实
验的结果。数据结果存在着相当大的变动性，但平均数字是154，完
全符合我们所期望的那个预测值。

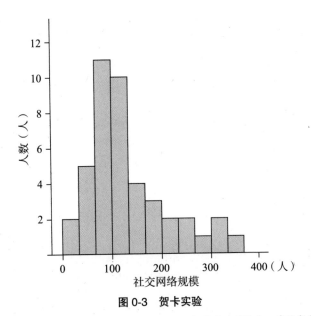

图 0-3 贺卡实验

尽管我们的社交网络典型规模是 150 人，但其实不同的人，其朋友和人际关系的数量也会有很大的不同。我们中的一些人只有一个很小的社交圈（尽管我们通常会为每个关系投入更多的时间和精力），而另外一些人则有着相当大社交圈（但通常对每个关系的投入都很有限）。

这一实验成果激励了我们的研究工作。在接下来的几年间，我们建立了巨大的数据库，其中 250 名被试列出了所有对他们的个人生活来说十分重要的个体。我们必须要指出的是，这是一项艰巨的任务，因为我们还会要求被试告诉我们关于他们所列个体的诸多细节，例如他们是如何认识的，他们最近一次见面是在什么时候，他们的感情亲密度如何。不过，我们的努力是值得的，因为 150 这个关键数字再次出现了。

在这些不同来源的数据的支持之下，我们似乎已经有了强有力的证据可以宣称，我们的社交圈子其实非常之小，大约就在 150 人左右。从我们所建立的大型数据库中，我们可以得到两个更加关键的结论。第一，不同的人所拥有的朋友的数量差别巨大。事实上，数值的波动围绕着 150 这一标准值，普遍处于 100～200 之间。第二，这一点让我感到惊奇，150 人的社交圈子中，有一半的人属于自己的亲属，而另外一半人才是朋友。

我们的被试样本全部都是欧洲人（英国人和比利时人）。实验之前我们就推测，家庭成员在很大程度上可能只包含个体的近亲——父母亲、兄弟姐妹、（外）祖父母，可能也会有某位古怪的姑姑、叔叔或者表亲。并且，在我们的想象之中，这些成员应该只占很小的比例。当然，亲属关系以及旁系亲属关系，在传统社会中占据着重要地位。事实上，自人类学在一个半世纪以前首次建立起，亲属关系就成为这门学科常演不衰的"肥皂剧"。然而，我们认为，只有在传统社会中，亲属关系的意义才会包含那些旁系亲属：我们这些生活在发达世界里的人，早已抛弃了那些陈腐的观念，在家园情结和社会流动性之间，我们更倾向于选择后者，结果就是尽管我们仍旧重视直系亲属，但我们的社交圈却是由朋友关系和工作关系所主导的。然而，事实却并非如此。

在我们的社交网络中，大概有一半的人都是旁系亲属成员。实际上，我们甚至可以向你证明，那些来自大家族的个体在社交圈子中列出的朋友数量会更少。所以，150 这个数字似乎就是你所能够拥有的人际关系的真实限额。你只有 150 个名额，你会把这些名额优先分配给家庭成员，然后再用朋友来填满余下的空缺。

当然，有很多种方式都可以让你避开这些限定。你并不一定要将你的家庭成员包含在这个列表之中。有些人与亲人闹翻之后就再也没有见到过对方。我们想要强调的是，一般而言，人们在心中将亲人置于朋友之上。如果你并没有太多的家族亲属，或者，你与他们产生了纠纷，那么，你就会用朋友来填补亲人所留下的空缺。你也有可能会用你最喜爱的肥皂剧角色或宠物来填补这种空缺，甚至你最疼爱的盆栽植物都可以，假如你真的觉得自己同它之间存在友谊的话。

如果你愿意，你也可以将那些并非实际存在的人物包含进去，例如上帝或者已逝者。需要谨记的是，人际关系、纽带、羁绊，是我们在追求社会生活的过程中建立起来的。你的父亲和母亲是谁，这不是你能选择的，你同样无法选择与你有血缘关系的亲属。但是，我们建立个人社交网络，选择朋友、恋人和熟人的过程，则更像是在磋商谈判。150 人的社交圈就是我们从诸多可能中选出的样本。

在后文中，我们将会探讨邓巴数这一限额存在的原因。但在此时此刻，我们需要向你简要介绍一下认知负荷（cognitive load）这个概念。认知负荷是一种思维方式，是我们的记忆信息，并依照已知信息采取行动的心智能力，在此处，信息是指我们对社群中其他成员的认知。我们都有过这样的体验，在一场重要的考试或演讲前，大脑中的数据几乎处于满溢的状态。而当我们的人际关系不断增多时，我们同样会面对类似的超载问题。我们能记住那么多人的名字、经历，并负担起我们对他们的责任吗？数字 150 似乎就代表了我们的认知能力所能承载的极限。只有在这个极限之内，我们才能以一种富有社会效益的方式记忆、回忆和回应他人。因此，认知负荷所充当的角色其实是我们社交野心的制动器。

史前岁月的社群生活

到目前为止，我们已经发现了硬币的一面，物种的脑容量与它们的社交圈之间的关系。现在，我们必须转向硬币的另一面，远古历史（deep-history）①的探索。远古历史在我们的叙事中同样重要。研究远古历史是考古学

① 本书更偏好使用远古历史而非史前时期，来形容我们最早的祖先所生活的遥远年代。

的专长，它发端于 300 多年前的考古学运动，是整个启蒙运动中人们求知的焦点之一。然而，我们如今所认可的考古学是 19 世纪的产物。在 19 世纪上半叶，依据器具制作材料的不同，史前历史被划分成了三时代系统——石器时代、青铜时代和铁器时代。之后，这些器具材料就成为人类社会进化的简单证明——人类从猎人转化为农民，并最终进入文明社会。

考古学家和地质学家最热衷于解密的就是人类的远古生活问题。人类是产生在冰川期吗？这会让人类的起源更加古老。或者，人类只是在最近一次地质期中产生的吗？很多人都支持后一种说法，因为他们所看到的最古老的历史就是《圣经》中的记录。这个问题的答案人们在 150 年前就已经找到了。

1859 年，两位英国人约瑟夫·普莱斯特维奇（Joseph Prestwich）和约翰·埃文斯（John Evans）各自主导了地质学和考古学领域的研究。法国人布歇·德·彼尔特（Boucher de Perthes）声称，在法国北部索米山谷里，有证据可以表明人类曾经与长毛犀牛和猛犸象这样已经灭绝了的动物生活在同一年代。

普莱斯特维奇和埃文斯对此进行了跟进研究，4 月的一个午后，在亚眠郊区阿舍利的一个采砾场，他们找到了自己要找的东西（见图 0-4）。

图 0-4　阿舍利遗址的考古挖掘

　　阿舍利砾石坑位于法国索姆省亚眠市郊区。这张图片拍摄于 1859 年 4 月 27 日，其中一位采石工指着一把手斧（见图 0-5）。手斧所处的砾石层属于冰川期。

　　紧接着，术语"阿舍利文化"（Acheulean）便开始被用来指代工具制造时代。普莱斯特维奇和埃文斯甚至为他们的发现拍了一张照片，照片中展示了一个石制工具，这个石器就处在原地，从砾石中探出（见图0-5）。在这个地方，两位科学家还发现了灭绝动物的骨骼化石。在伦敦，他们的研究成果很快就得到了英国皇家学会和古物学会的认可。

　　有关人类起源的科学研究已经取得了显著成功，尽管有趣的是，能够证明他们观点的石制手斧却遗失了。这把手斧直到整整150年后才被克莱夫·甘伯尔（Clive Gamble）和罗伯特·克鲁斯金斯基（Robert Kruszynski）重新发现。在普莱斯特维奇于1896年逝世后，他的遗孀将这把手斧捐赠给了英国自然历史博物馆，此后，它

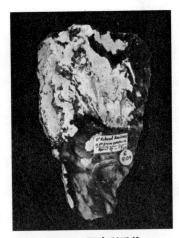

图0-5 阿舍利手斧

这把手斧对旧石器时代的历史研究非常重要。克莱夫·甘伯尔和罗伯特·克鲁斯金斯基重新安置了这把手斧，手斧上面仍旧贴着1859年的标签。

就一直作为史前古器物被收藏在那里。这绝对是一块改变了整个世界的石头，它彻底颠覆了《圣经》中的年代史，并揭示了人类久远的远古历史。由于当时缺乏年代测定技术，我们只能对它的历史时期进行估算。

关于人类起源的科学取得了显著的成功。约翰·卢伯克（John Lubbock）为其 1865 年的名著《史前时期》（*Prehistoric Times*）所取的副标题是"以远古遗迹和现代野蛮人的风俗习惯为例"。那些依靠狩猎和采集为生的原始部落，例如塔斯马尼亚土著民，被认为是创造了阿舍利手斧的旧石器时代人在现代社会的代表。他们区别于之后的新石器时代人。在新石器时代，人们所使用的是更为精良的斧头，彼时农业也已经取代狩猎成为人们主要的生存手段。这样的类比持续了许多年，直到科学家们意识到，在过去和现在之间进行直接比较，既会误导自己又会造成史实性的错误，这样的类比才作罢。除此之外，这样的方法错误地认定生活在现代的人并没有任何进化，只是古人的活化石而已。

考古学家将后续工作集中在搜集信息上，先是在欧洲，然后是在亚洲和非洲。在 20 世纪里，考古学家对早期人类的社会生活漠不关心，他们更多地关注早期人类制造的工具和食用的食物。然而，社会生活仍旧不可避免地成为考古学思想的核心。澳大利亚的杰出学者戈登·柴尔德（Gordon Childe）在其 1951 年出版的著作《社会进化》（*Social Evolution*）中，将社会生活的概念又完整地呈现在了人们的面前。柴尔德认为考古学在人类学中所扮演的角色，应该类似于古生物学之于动物学。尽管对柴尔德来说，社会生活是随着农耕文明的发展一起腾飞的。虽然不尽完美，但这一传统还是被保存了下来——考古学家将研究的焦点留在了社会生活上。由此，格雷厄姆·克拉克（Grahame Clark）和斯图亚特·皮哥特（Stuart Piggott）在 1965 年撰写了人类文明历程的大纲，并将其命名为《史前社会》（*Prehistoric Societies*）。

描述人类的进化进程是我们的殷切期望，但人类进化的框架，即人类起源的必要背景研究，始终依赖于最匮乏的早期证据。科学家拓荒的决心和一些重大的考古发现让进化论思想迅速发展到现今这一阶段。这其中，最具里程碑意义的发现来自路易斯·利基（Louis Leakey）和玛丽·利基（Mary Leakey），他们两人于 1959～1960 年间在东非的奥杜瓦伊峡谷发现了早期人类化石，与之一同被发现的还有一些石制工具，它们所处的年代可以追溯至将近 200 万年以前。

这一发现一举将大多数人想象中的人类历史延长了 3 倍之多。有关人类起源的时间深度被揭开了，这样久远的历史定然会让普莱斯特维奇和埃文斯大吃一惊，他们两人原本推测的人类历史至多只有几十万年之久。奥杜瓦伊化石出土时，正值人类历史开始用现代术语来标记的年代。当时，科学的年代测定法，如钾氩定年法起到了至关重要的作用，它为科学家的发现提供了实质性的依据。其他科学（包括心理学）也开始来敲考古学的大门。路易斯把握时机的能力恰到好处，他以纪念达尔文《物种起源》出版 100 周年的名义，成功地将自己的关键发现结集出版。彼时，莱斯利·怀特（Leslie White）构思出了"心智进化的四阶段"理论，而欧文·哈洛威尔（Irving Hallowell）撰写了"自我、社会和文化"的相关著作。那么，既然如此，为什么我们不继续向前迈进，对人类的早期心智进行更为深入的研究呢？

部分阻力来自其他看似积极的科学发展。其中之一是 20 世纪 60 年代考古学界掀起的一场变革运动，这场运动被称为"新考古学革命"。对我们而言，这是一把双刃剑。新考古学最伟大的倡导者之一是刘易斯·宾福德（Lewis Binford），他揭示了考古学证据的局限性。宾福德指出，选择性保存会扭曲历史记录，并且我们再现古人类过去生活的方式很容易创造出"现代神话"。当石制工具与动物骨骼，甚至是人类化石一同被发现时，你并不能简单认定那里就是一处"露营地"，甚或是一处"猎杀场"。有太多其他的自然因素能够造就出相同的结果。

从人族到人类的 10 步进化

有两方面的因素不仅让考古学家感到挫败，也令试图阐释化石记录的其他学科的科学家感到沮丧。第一，在新考古学中，传统的叙述方式遭到唾弃：化石记录不是历史本身，我们不能为它附加一个类似历史的故事。第二（这一点其实更为重要），一种观点开始凸显，它坚称如果你没有在化石中直接观察到某种东西，那么你就不应该去想象它。这种"所见即所得"的思想，将人性中的大片领域（如情感和意志）排除在了人类起源的科学研究之外。此举所投射下的阴影，让人回想起了第一次世界大战至20世纪70年代，行为主义主导下的心理学研究。

心理状态源自心智计算，然而行为主义者却认为，因为心灵本身不能被直接观察，所以它甚至不应该被拿来公开讨论。人类的起源同样如此，许多学者认为，任何高级能力的出现都必须经过严密的论证，不能存在任何疑点。只有早期人类将思想（如艺术或精湛工艺）表达在实物载体上，他们才有可能被纳入现代人俱乐部。

现代人俱乐部的概念自20世纪70年代起就进入了考古学领域，当时，一个新词"解剖学意义上的现代人"出现在文献著作中。这个新词是用来形容那些身体构造甚至是基因与我们相似，却有着不同的行为习惯的人类祖先的。解剖学意义上的现代人既没有艺术也没有基本的建筑物。他们的墓地往往都很简陋，没有殉葬品，也没有证据表明存在下葬的仪式。在这些墓地中发现的解剖学意义上的现代人的生活地点，要追溯至20万~50万年前的非洲和中东地区。事后来看，成为现代人俱乐部的成员，意味着你同时也是欧洲俱乐部的成员。在欧洲，艺术和精心装饰的墓地是旧石器时代晚期的组成部分，对此科学家早就有了解。

　　但是，我们此处所说的"成为人类"的确切含义到底是什么呢？对一部分人来说，人类只包含那些拥有正式身份的成员：只有那些与我们相似的祖先才具备资格。这也在很大程度将人类的进化限定在了过去的 20 万年间。然而，在本书中，我们所关注的是一种更加宽泛的理解。因为我们是灵长目动物，所以我们与我们的灵长目近亲，如黑猩猩和倭黑猩猩，处在同一个进化树中，这个进化树至少需要回溯到数百万年之前（见图 0-6）。所有一切都在那里等待着我们做出解释，而非仅仅是最近的这一部分。

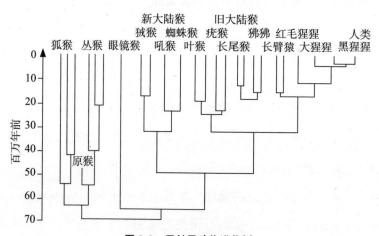

图 0-6　灵长目动物进化树

　　该图表标明了主要的分化事件及其首次出现的时间。位于左边的是原猴亚目（如今由狐猴和丛猴来代表）；位于最右边的是猿类家族（长臂猿、红毛猩猩、大猩猩、黑猩猩以及人类）；位于中间的是新大陆猴和旧大陆猴。

幸运的是，一个为期更长的历史记录拥有着巨大的魅力。这片在远古历史中扩充出来的领地，就像是考古学家新打开的一张折叠床。在打开床的一瞬间，考古学家才醒悟到自己所拥有的巨量空间。开拓者们拥有无穷的热情和精力，他们的实地考察工作追溯到 200 万年前的世界，并且吸引了大量来自其他学科的科学家参与其中。

很少有人意识到这些工作在多大程度上是属于考古学领域的，它的各个方面又是如何相互关联的。一些生物学家认为，考古学家只有"几块石器和骨头"。但是，我们只消看看克拉克们①在考古学领域所完成的伟大工作，就会发现早期人类纷繁复杂的各类活动早已建立起极为浩瀚的记录，其内容之复杂是任何个体都无法单独掌握的。

在鼓励针对过去和当下进行研究（包括对类人猿的研究）的众多科学家中，开拓者路易斯·利基扮演了关键角色，他也借此重构了我

① 指格雷厄姆·克拉克，欧洲史前史学家；德斯蒙德·克拉克，非洲文化学家；大卫·克拉克，杰出的理论家，不幸于38岁早逝。

们有关人类进化的知识框架。路易斯于 1903 年出生在肯尼亚，在非洲接受教育，他对动物和人类在野外环境下的行为有着独特的理解。除了拥有丛林生活的经验外，路易斯还接受过西方的教育，能够研究各个时期的遗址。这不仅包括著名的奥杜瓦伊峡谷（见图 0-7），还有维多利亚湖附近的中新世早期猿类遗址，以及位于东非大裂谷的石器时代遗址，包括被命名为甘伯尔洞穴的遗址，这真的是非常巧合！

图 0-7　奥杜瓦伊峡谷

　　此处数年来始终都是利基夫妇研究的重心。溪流穿过这片区域并切开了一个大缺口，暴露出古老的湖床和早期人族的活动遗迹。后者从岩石山丘（背景部分）上搬运石头以制造工具，这为我们研究他们的作业网络提供了最早的线索。

路易斯见识广博，他能够专注于研究动物在大草原和森林中求取生存的必要条件，但他的个性中也有一些桀骜不驯和特立独行的成分，因此，路易斯常常会惹恼自己的欧洲同行。

路易斯的同事，解剖学家菲利普·托拜厄斯（Philip Tobias）曾经特别称赞了他的洞察力，并指出路易斯抱有一种观点：从来不犯错误的人只会一事无成。路易斯认识到，我们只能够寄希望于利用现代动物来了解已经灭绝的动物，阐释"它们的结构、功能和行为"。在理解猿类所给予我们的启发上，路易斯远远地超越了他所处的那个时代。这些启发并不仅仅是关于猿类自身的，它还涉及人类进化的框架以及天性。

路易斯的许多工作都为后人的研究铺平了道路，包括珍妮·古道尔（Jane Goodall）对黑猩猩的研究，黛安娜·福西（Diane Fossey）对大猩猩的研究，以及蓓鲁特·高尔迪卡（Birute Galdikas）对红毛猩猩的研究。

在 20 世纪 60 年代到 80 年代，古人类学研究处于一片喧嚣的热闹之中。在这一领域，大型国际考察探险活动如火如荼地进行着，科学家的关注点主要落在了非洲，也正是在那里，我们将有关人类起源的翔实知识追溯到了 400 万年以前，寻觅到了我们与猿类的最后一位共同祖先。

路易斯的儿子理查德·利基
（Richard Leakey）以及在南非出生
的考古学家格林·艾萨克（Glynn
Isaac，见图 0-8）开拓了东图尔卡
纳的广阔区域；弗兰西斯·克拉
克·豪厄尔（F. Clark Howell）和
哈佛的研究小组在奥莫以北开展
研究；在埃塞俄比亚北部的哈达
尔，唐·约翰森和莫里斯·塔伊布
（Maurice Taieb）领导的探险队取

图 0-8　格林·艾萨克

已故的格林·艾萨克是"新考古学"运动中最优秀的思想家之一。

得了惊人发现，也将古人类学的研究推向了高潮——他们发现了露西以及露西的南方古猿阿法种亲属。古人类学家蒂姆·怀特（Tim White）和他的团队在同一地区的发现也异常丰富，许多化石的潜在意味仍旧在等待着进一步的阐明。考古发现也并不仅仅局限在非洲：科学家对欧洲也重燃热情，随后便是远东和澳大利亚。所有这些发掘工作都贡献了许多关键性证据，并促使我们构建出了人类进化的剧本大纲。

经过一个世纪的化石搜寻和细致入微的实地考察工作后，人类进化的故事已经浮出水面。当然，在过去的几十年间，人类的进化故事以及对博物馆藏品的分析也发生了巨大变化，因为我们在不断地获取新的知识。现在来重述科学家的发现史似乎不合时宜。然而，我们的

确有必要在此时，依据已有的知识来简述人类的故事，尽管在未来的几十年里，这个故事的一部分无疑将会随着新化石的出现而改变。然而，就当下而言，我们需要一个更大的框架，这个框架就是图 0-6（第 30页）和表 0-2 所概括的内容，围绕着它，我们将建构出接下来几章的内容。

表 0-2　从人族到人类的 10 个步骤

步骤	关键事件
1	在经历了至少 2000 万年的古猿时期后，人类与猿类的最后一位共同祖先生活在大约 700 万年前的世界
2	直立行走和牙齿的变化最晚开始于 440 万年前，这也是化石记录中第一个人族动物出现的时间
3	自 260 万年前起，石器科技开始愈发重要
4	大约在 240 万年前，古人类大脑开始明显变大，最早的可以称之为人属动物的人类出现了
5	在 200 万年前，早期人类走出非洲，并进入了旧大陆，他们一路抵达了高于北纬 55° 的地区
6	60 万年前，海德堡人的脑容量增长表现出明显的上升趋势；语言很可能也已经产生，但关于这一点，我们并不能十分确定
7	20 万年前，解剖学意义上的现代人出现在非洲
8	6 万年前（或者更早），现代人开始自非洲开枝散叶；他们取代了那些现已灭绝的古人类，并开始向澳大利亚这样的新大陆迁徙。在 2 万年前，他们来到了美洲大陆。人类的单一全球物种时代开启
9	有证据表明，艺术、装饰品和符号行为都发源于非洲大陆上的解剖学意义上的现代人，并且在他们离开非洲大陆前就已形成。这些行为在 4 万年前遍及全球，其复杂程度和使用频次都在不断增加
10	1 万年前，农耕取代狩猎和采集成为人类生活物资的主要来源，社会的规模和组织方式都开始发生重大变革

我们的故事开始于我们与非洲大猿，尤其是与黑猩猩的最后一位共同祖先，这大约是在700万年以前的事情（见图0-9）。我们并不知道这位祖先长什么样子，因为我们还没有找到关于它的化石。它未必就会是黑猩猩那个样子，因为和我们一样，自最后一位流浪在中非森林中的共同祖先算起，黑猩猩也已经在自己的道路上进化了700万年。我们只有极少的证据能够揭示这位共同祖先在之后200万年间所发生的事情。

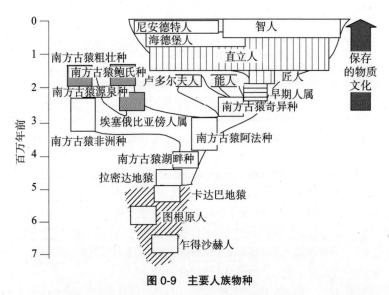

图 0-9　主要人族物种

　　该图显示的是过去700万年里，所有已知的主要人族物种。他们彼此间的亲缘关系尚存许多争议之处，但我们意在说明祖先的传承概况，以及开始于300万年前左右的物种辐射。

近期，在非洲东部发现的少量骨骼化石以及在非洲西部撒哈拉沙漠边缘发现的一块引人注目的颅骨，就是我们现有的全部证据了。这些化石表现出的特异性是它们直立起来时的姿态——两足动物在行走时独特的站立姿态。所有其他的猿类和猴子在行走时都是四肢着地，猿类有着独特的身体特征，它们臂长腿短，为的是便于在大森林中爬上垂直的树干。人类的血统似乎正是从直立起来的身体区分开来。我们的双腿更长、双臂更短，这使得我们可以大步穿越森林间的空地。尽管最初的古人类并没有如我们如今这般优雅的体态，但他们仍旧具备了这种辨别性的特征。事实上，直立行走是将人族动物与其他类人猿真正区分开来的唯一特征。

　　然而，从大体上来说，我们所面对的仍旧是生态学意义上的猿类。但是，它们是分散在各类生态位（ecological niche）中的猿类。对现存的猿类来说，当时的生态环境并不适宜居住，因为水果和柔嫩的树枝在极端干燥或潮湿的环境中都是无法存在的。它们包括拥有厚重牙齿的粗壮型南方古猿，下巴和牙齿都更为细小的纤细型南方古猿，以及身材更为轻盈，也许更多才多能的早期人属。与猿类相比，它们可能更依赖于块根、块茎、坚果、种子和动物蛋白，这些猜测都已经由现代同位素研究和显微镜研究所证实。有关它们饮食习惯的细节也正处在进一步的探索之中。

　　能人在古人类学的历史上占据重要地位，利基和托拜厄斯曾认为能人是人属动物的最初成员（现在已经被其他候选者所取代）。能人被发现于奥杜瓦伊峡谷，与粗壮型南方古猿（东非人，或者严格来说是南方古猿鲍氏种）处于同一岩层，与之一同发现的还有简单的石核和石片。这里的文明被称为奥尔德沃文化（Oldowan tradition）。这些石器的制造者被认为是身型更为纤巧，外貌也更像人类的能人，因此他们的拉丁学名是"手巧之人"的意思。现在，我们已经知道，石制工具的制造开始于50多万年前，但究竟是哪个物种制造了这些石器目前仍未可知。

我们可以肯定的是，石器制造者并不一定就是人属动物的一支——毕竟，黑猩猩也是熟练的工具制造者和使用者，我们也无法确定南方古猿就从未制造过石制工具。因为缺乏200万~250万年前的化石证据，人属动物的根源很难辨认，尽管如此，在这段时期之后的丰富考古发现表明，人属的早期历史异常复杂。这段时期的气候演变非常剧烈，伴随着一系列的物种灭绝和物种形成事件，因此要追溯这段时期的进化轨迹并不容易。然而，在埃塞俄比亚和肯尼亚的珍贵考古发现表明，在距今240万~230万年前，某种类型的早期人属已经确实存在了。

我们发现，早期人属是一个多元性群体，他们生活在距今190万~180万年前，这个群体其中的一个种群——直立人，以其进化寿命来看是非常成功一支。直立人种群，包括当地的一些变种，如非洲东部的匠人和格鲁吉亚的格鲁吉亚人，留下了接下来百万年间的化石记录。他们可能是第一批逃离非洲大陆，并殖民欧洲大部分地区的古人类。

尽管将早期非洲人（匠人）和后期亚洲人（直立人）区分开来已经成为一种惯例，但事实上，他们都是旧大陆上一个高度成功的单一种群的组成部分。这个种群在时间和地域上都表现出大规模的变异性。直立人研制了一组极具特色的工具集，而其中最为关键的便是手斧，这种手斧的设计和功能在之后的150万年里都没有再发生太多变化。这些人属的首批成员与他们的南方古猿前辈有了很大差异。他们身材高大、体形优美，并且，他们的脑容量也明显更大。他们显然更具游动性，身型也更加适应长距离旅行，有些科学家甚至认为，他们已经能够进行耐力跑了。这些特征对狩猎活动来说显然大有助益。在直立人漫长的发展历史中，我们也许可以预见，作为一个不安分的物种，他们中的一小部分人会经常性地冒险迁徙，前往非洲和欧洲间的连接地带。

直立人在亚洲一直存活到了5万年前，但是在60万年前，他们在非洲就已经不断进化了。非洲匠人种群的一支发展出了更大的脑容量，也许是历经了一系列短暂的中间物种后，他们进化成了海德堡人。

他们被以德国的海德堡镇命名，因为第一例化石标本于 1907 年在那里发现。海德堡人的工具集是直立人手斧的改良版，其中还包括一些初级的复合工具，如将石器绑在木制手柄上，做成长矛。

海德堡人历经了进一步的进化发展，他们在欧洲逐渐变为尼安德特人，而在非洲则逐渐变为解剖学意义上的现代人（智人）。直到 6 万年前，解剖学意义上的现代人才离开非洲，并沿着亚洲南部海岸一路进入澳大利亚。尽管，他们在黎凡特（地中海东部地区，包括希腊、埃及以东诸国及岛屿）必然已经遇到过尼安德特人，但也只是在大约 4 万年前，他们的分支才经由俄罗斯南部的大草原进入欧洲，也正是在那时，他们才真真正正地接触到了北方的古人类。

当时，尼安德特人已经在欧洲生活了几十万年，并且，他们的身体结构在进化过程中也适应了欧洲严酷、甚至冰冻的环境。尼安德特人已经建立起了一种生活方式，这种生活方式以近距离大型狩猎活动为基础，狩猎的对象包括鹿、马、犀牛和猛犸象。尽管这些动物数量丰富且膘肥肉多，但是，要用长矛来面对面地猎杀它们是非常危险的。大约在 20 万年前，解剖学意义上的现代人在悠久文化的孕育下应运而生，人类工具的重大革新正等待着他们去实现。直到 10 万年后，我们才能在非洲看到最初的一批精致复杂的工具和艺术品（如项链）。而我们要再等上 6 万年，才能在欧洲看到丰富的雕塑、骨笛、珠链和洞穴艺术，这就是旧石器时代晚期革命的成果，它涉及人类的符号游戏。

也许是在不到 4 万年前，随着最后一次冰川期冰层的蔓延，最后一批尼安德特人在西班牙的南部地区逐渐消亡。最终，事实表明，尼安德特人在应对北方气候的种种挑战上，并不比解剖学意义上的现代人更加优秀。这也许是因为他们缺乏文化上的变通性。到了此时，现代人类已经殖民了澳大利亚，他们正站在白令海峡的边缘，随时准备进入美洲。现代人"开疆扩土"的伟大运动几乎就要完结。只有遥远的海洋岛屿等待着人类这个单一物种去定居，并进而完成自己的全球之旅，尽管这些只是在最近的 5000 年中才开始。

考古学联手心理学，破解社群的奥秘

古人类学家和考古学家在过去 50 余年所取得的成就，就是让自己手中的潘多拉魔盒越变越大。如果纯粹从考古学的路径出发，我们将利用那些考古发现来讲述整个故事——我们可以坚称，只有考古学才能借助人类的物质遗存来描述和阐释人类的过去。接着，我们也许可以与为人类历史增添姿彩的各类化石唱一出双簧，以蒙混过关。但到了最后，这一切仍将失败。尽管考古学是文化记录的核心，但它始终都依赖于大量来自其他领域的学者为其做出注解。地质学家、环境学家以及年代测定专家，他们在建构文化记录上都扮演了非常关键的角色。近年来，灵长目动物学家、遗传学家、神经科学家以及进化心理学家也都参与其中，并做出各自的贡献。

这种互动是否意味着，一个整合版的人类进化故事已经成形呢？对此，我们的回答是否定的。我们的同事，古人类学家罗伯·佛利（Rob Foley）指出，我们利用进化理论来解释人类进化的努力并不充分。考古学家一直把人类的进化视为某种独特之物，而不是常规进化动力的"正常"产物——人类只不过是几十万独特物种的其中之一。如果我们试图将人类分割开来，那么，我们就是遗忘了历史的进化阶梯，也忘记了我们的近亲总是能够表现出与我们相似特质的事实。我们的目标应该是去阐释，我们是如何以及为何与其他猿类分道扬镳，并最终演变为现在的样子的，而非将我们自身与其他物种人为地割裂开来。

前几代思想家，如朱利安·赫胥黎（Julian Huxley）逐渐认识到所谓的社会心理进化的重要性。在他所处的那个年代，心智是伟大的进化生物学家，伯恩哈德·伦施（Bernhard Rensch）和西奥多修斯·多勃赞斯基（Theodosius Dobzhansky）等人所关注的几个焦点问题之一。在回顾过去时我们发现，这些科学家所欠缺的是，他们始终将注意力放在塑造物种的解剖结构和行为适应上。他们几乎从未考虑过种群的内部互动，即个体间的交流是如何建构社会，并进而影响进化进程的。

为了凸显这种进化动力，我们需要一个新的基于心理学研究成果的相互作用理论。

我们在理论研究上已经取得了诸多成就，但仍旧存在一个缺口，这个缺口首先是由法国思想家德日进（Pierre Teilhard de Chardin）提出的。在德日进看来，赫胥黎所谓的社会心理领域就是人类心智活动的总和，或者说，人类思想的总和。德日进说："过去几百年来不可抗拒的潮流，已经将自然历史和人类历史紧密地结合在一起了。"即便如此，历史学家还是将社会进化置于生物学研究之外，并与之分割开来。正如德日进所说："动物学领域和文化领域：它们仍旧是两个相互分隔的部分，两者在规律和分类上也许存在着某种神秘的相似性，但仍旧是两个不同的世界。"然而，两者必然会悄无声息地相互交织。

近些年来，灵长目动物学家，如安迪·惠顿、比尔·麦格鲁（Bill McGrew），以及心理学家，如迈克尔·托马塞洛（Michael Tomasello），已经在试图解释这些文化问题。当然，与黑猩猩的活动相比，人类文化的结构拥有无可辩驳的复杂性。因此，研究社会文化的人类学家往往将生物学家的努力视为荒谬的"还原论"。然而，在这种情况下，人类学家其实误解了生物学家所做的工作。从正确的角度来看，生物学家是在探索底部结构，即人类社会行为的基础，而非解释为什么我们会去电影院看电影，举行婚礼或者参观艺术展览。

在接下来的几章中，我们将会努力解开所有谜题。露西课题将提供解答人类进化问题的两种截然不同的方法：心理学家提供实验科学的视角，而考古学家则采用历史科学的研究方法。我们将考古学和进化心理学这两个差异巨大的领域结合起来，旨在注明一些主要的问题。我们试图借助社会脑理论来寻找解答这些问题的方法，而非依赖纯粹的考古材料，或者只是基于当下来构思过去。其中最为重要的是，考古学家应如何从社会脑理论所提供的视角中受益呢？也许，他们需要的只是一个冲力，让自己逃离已有的知识范式——在生物进化过程中，智慧越高的物种越是处于食物链的顶端，这似乎是显而易见的事情，因此，我们不需要对智慧的驱动力做出解释。

1921 年，考古学家奥斯波特·克劳福德（Osbert Crawford）说："从粗糙的石制工具到如今高度精密化的飞机，两者之间似有云泥之别；但是，一旦我们踏出了第一步，余下的路程就会变得非常简单。"然而，我们仍然要问："尽管事实如此，可是，为什么呢？"为什么要历经这一系列惊人的转变？如今，我们这些活着的人当然是人类进化伟大胜利的结果。我们所进化出的特征，成就了我们，也赋予了我们种种能力——生活在大型组织中的能力，从事战争、文化、叙事、宗教和科研活动的能力。站在这条轨迹另一端的是猿类，关于它们，我们也已经有了很多了解。

　　尽管如此，我们的目标并非就是去解释这种差异，或者去解释为什么有些物种失败了，而另外一些存活了下来。这不是一个在进化阶梯上稳步前进的故事。我们只是人类进化史上一个小小的分支，人类在进化过程中曾探寻过许多其他求取生存的途径。其中的一些，如尼安德特人和许多不同种类的南方古猿，曾经在他们生活的那个时代也非常成功，但最终还是在气候变化和生态竞争面前败下阵来。相反，我们的目标是解释我们自身这一特定物种的曲折故事。非洲森林中极其普通的古猿，经历了云谲波诡的进化历程，最终成为我们所栖身的这个星球上的主宰（不论这是福还是祸）。

　　传统的讲述这个故事的方法，就是依据化石和工具的自然演替，依据我们的祖先及其后裔在解剖结构和生态位上的差异。而我们将会尝试一个不同的方法：成为人类意味着什么？我们是如何走到这一步的？在这个过程中，我们将尽可能多地关注心理学的研究，我们还会考虑认知和社会行为的相互影响，以及我们的祖先所使用过的工具和手工艺品。让我们开始讲述吧。

PART 1

大局观的形成基础

THINKING BIG

THINKING BIG

HOW THE EVOLUTION OF SOCIAL
LIFE SHAPED THE HUMAN MIND

01

社会化意味
着什么

人类进化史上最伟大的
创造就是社交活动。

- 人类群体由多个层级的人际关系组成，不同的层次拥有不同的功能。不同层级的个体见面频次也有显著差异。

- 人类的友谊模型：人类被不同层级的友谊关系所包裹，在不同层级的关系中，我们与相关个体的感情深度和联系频次也会有所不同。5、15、50、150 以及 500，这些不同层级的数字几乎就是密友、至交、好友、朋友以及熟人的代名词。

- 小世界群体的结构，与个体的社交网络层级之间存在一致性，群体结构遵循 3 倍法则。

灵长目动物进化史上最伟大的创造就是社交活动，然而群居生活的代价绝对高昂。群体的规模越大，你每天为寻觅食物所走的路程就越远，因为每只动物都会有自己大致恒定的觅食区域。群居为动物增加了负担，因为它们本可以利用这些时间在树荫下安静地纳凉休息，或者与"朋友们"搞些社交活动。群居生活还会带来生理机能的损耗，因为其他动物可能会攻击你，夺走你美味的食物，或是占有你舒适安全的夜宿地。随着群体规模的扩大，类似事件的发生也将变得愈发不可避免。

　　即便这些个体间的冲突可能非常细微，然而经年累月叠加之下，它们所制造的压力以及诱发应激激素（如皮质醇）的分泌，不仅会让自己身心俱疲，还会对女性造成尤为严重的伤害。压力，不论是身体上的还是心理上的，都会破坏控制女性月经周期激素的稳态（Homeostasis），后果就是女性在整个月经周期中都没有卵子排出，并因此而出现暂时性不孕症。

这些代价对群体成员而言都是极为高昂的，也使得群体生活看起来并不划算，除非这其中包含一些其他的益处。对猴子和猿类而言，群体生活的好处就是使自己免遭天敌的捕食。通过集聚为一个社群，猴子和猿类迫使天敌很难找到落单的个体。它们甚至还能围攻捕食者，并将其驱赶。事实上，已经有观察者在非洲记录了狒狒的这种行为（见图 1-1）。

图 1-1 花豹与狒狒

花豹是狒狒以及许多其他旧大陆猴和猿类的主要天敌，尽管狒狒们偶尔也能够保护好自己。

在日常生活中，鬣狗和豹子等食肉动物是灵长目动物的主要威胁。如何降低自己被突然袭击的风险，成为真正意义上生死攸关的难题。当灵长目动物离开相对安全的丛林，来到开阔的平原之上时，这一问题尤其突出。在这种情况下，灵长目动物可以藏身的地方非常稀少，而藏身地的间隔又可能非常遥远。群居生活使得灵长目动物更有可能从猎物成长为猎手。

人类群体的 3 倍法则

人类群体由多个层级的人际关系组成，建立起持续增大的社会群体，但人类群体并非就与猴子和猿类的群体完全不同。这些组织层级采用了种类繁多的名字，比如营居群、地方团体、露营团等。然而，我们在这里所关注的是与邓巴数相对应的社群。

在小规模的传统社会里，这种多层关系发起于各个家庭，各个家庭再组建起营居群，营居群再组建成社群。营居群的成员会随着时间的推移而改变，因为总是会有新的家庭或个人加入或离开。社群成员会在各个营居群之间流动，在这个过程中，同一社群各个营居群成员的数量之和会恒定地保持在 150 人左右。

社群成员之间都是彼此相识的。在觅食社会中，这些社群（有时被称为氏族或区域性群体）是典型的拥有特定资源（如永久性水源）开采权的个体联盟。在生活稳定的原始社会中，社群通常表现为拥有自己土地的村落。

　　相比之下，社群之间的人员流动并不常见。尽管如此，各个社群之间仍旧可能联合成更大规模的群体，并且它们之间的关系要比陌生社群之间更为融洽。在考古文献中，这样的超级社群被称为"巨型营居群"，而人类学家则将其称为"同族通婚营居群"，尽管超级社群在过夜营组的意义上并非真正的营居群。超级社群其实更像是通商和贸易网络。在这个网络之中，相邻的社群对彼此有充分的了解，这使得他们有足够的意愿去交易商品，例如，交易用于制造工具的原材料，甚至是交易制备好的工具或其他人工制品，因为某些社群可能并不善于制造某些工具。超级社群还可以充当寻找婚姻伴侣的关系网络。

　　巨型营居群之上还存在着更高等级的群体组织，它们由巨型营居群联合组建而成，其群体成员则是说着同一种语言的个体。这种更高等级的群体有时会被称为部落－语言团体。人类学家经常回避使用"部落"一词，但在这个特定的含义上它非常贴切，部落一词经常被使用于组织结构异常明晰的澳大利亚。研究结果表明，上述层级分明的群体组织都有着特定的规模，并且其规模的大小依照 3 倍系数递进。换言之，每一个更大的群体组织的规模都是其下一级群体组织的 3 倍。部落的规模 3 倍于巨型营居群，巨型营居群的规模 3 倍于社群，社群的规模 3 倍于营居群（见表 1-1）。相关的各个数字通常大约为 1500、500、150 和 50。

表1-1 3倍法则

狩猎-采集者社会的群体类型	人数	人际关系
部落（语言）	1500	疏远熟人
巨型营居群（通婚和通商）	500	亲近熟人
社群（邓巴数）	150	朋友
营居群	50	好友
觅食小组	15	至交
亲密团体	5	密友

狩猎-采集者社会中的3倍法则，适用于所有社会的人际关系模型。

　　如果我们自下向上观察，也就是从个人层面开始观察，而非从高处俯瞰，那么，我们将看到一个大致相同的层级模型。相关研究表明，如果我们要求某个人列出他所有的朋友并述说他们之间的交情，说明他们见面的次数，那么，我们会得到一个外观完全相同的友谊模型：人类被不同层级的友谊关系所包裹，在不同层级的关系中，我们与相关个体的感情深度和联系频次也会有所不同。5、15、50、150以及500，这些不同层级的数字几乎就是密友、至交、好友、朋友以及熟人的代名词。

　　至关重要的是，150人的社群与超出这个层级之外的群体之间似乎存在很大不同。在由150名个体组建起的社群里，我们彼此共享一种基于信任和责任的互惠关系。我们有过一段共同记忆，我们认识这些人已经有一段时间了，而他们同样也熟知我们。那些落入150人层级之外的人，我们可以将其称为熟人，他们和我们的关系非常普通，并不涉及互惠的义务，也不涉及为其排忧解难的责任。这种根本性差异极大地影响了我们施惠于他人的意愿。

处于最外部的层级，即那个外延至包含了大约1500人的层级，似乎就对应着一系列我们可以叫得上名字的面孔。这是一个纯粹的记忆问题，其边界受限于大脑的记忆容量。这很好地说明了一点，认知能力限制了我们记忆和处理人际信息的数量。我们列出的1500人之中，除去我们的家人、朋友和熟人之外，就是那些我们认识但与我们没有丝毫关系的人：我们认识他们，但他们不认识我们。对大多数人而言，这些人必然包括美国前总统奥巴马，英国女王、各种类型的摇滚明星、某一固定新闻节目的主持人、我们在社交媒体上关注的名人，等等。如果走在大街上，我们完全可以将他们认出来，但他们并不知道我们是谁。

我们有两种认识世界的视角，一个是将世界作为整体从高处俯瞰，一个是自下而上地观察个人的社交世界。不过，这两种视角居然高度重合，这是非常令人费解的，并且我们也无法给出任何合理的解释。不过，这可能暗示着，群体组织之所以会表现出这样的形式，是因为它本身就是由个体成员的私人关系网络所组成的。换言之，群体组织之所以会表现出这样的层级和规模，是因为它受限于个体处理各种亲密关系的能力。

在现实生活的另一情境中，3 倍法则似乎同样适用，那就是军事组织。3 倍法则定义了军队一系列的层次规模，我们觉得这非常值得一提。现代军队都有着基本相同的结构，它们是由封建贵族组建起来的临时单位演变而来的，目的是保护自己的最高领主。1618～1648 年，摧毁整个北欧的"三十年战争"期间，新教和天主教的军队不仅各自伤亡惨重，他们在各地农村的横冲直撞也极大地毁坏了当地农民的生活。

领导新教军队的是瑞典国王古斯塔夫斯·阿道弗斯五世（Gustavus Adolphus V），他对军事历史的贡献在于创建了现代军事组织的雏形。阿道弗斯五世所面对的其实是一个管理问题。要在 17 世纪的战场赢下战争，意味着要解决两个互不相容的问题：最大化战场上的作战人数（你的军队规模越大，你越有可能夺取胜利，至少大多数时候是如此），同时保持不同的作战队伍之间的协作能力（随着军队规模的增大，士兵之间的协作能力会急剧下滑）。阿道弗斯五世推行的改革最终催生了现代军事组织，改革的内容就是将结构整合和严格的纪律（你必须服从你的上级）相结合。阿道弗斯五世改革中的组织结构化内容，对我们而言是最为有趣的部分。

现代军事组织作为一种人类社群，其结构完全遵循 3 倍法则，队伍的人员数量也基本与我们在日常生活中所发现的几个数字相一致。

一般而言，1个班12个人左右，3个班将组成一个40～50人的排，3个排将组成一个150人左右的连，3个连将组成一个500人的营，3个营将组成一个1500人的团，3个团将组成一个5000人的旅，而3个旅将组成一个15000人的师。当然，实际的划分可能会有细微不同。

不同的军队会使用不同的名称，但其人员数量通常来说都是相似的。在所有现代军队中，一个连的人数在120～180人之间。连队被视为军事组织中的基本单元，它是可以作为独立实体单独行动的最小组织单位，连队的士兵在很大程度上被视为一家人。请注意，我们在小规模的传统社会中所发现的最外层层级是1500人的部落，而军事组织在部落层级之外至少还会有两个层级。

考古学的研究成果告诉我们，虽然古罗马人对他们的军队结构做了多次调整，但每次还是会回归到同一个系统上来。步兵支队是在公元前315年推行的军事战术小组，由三列40人的步兵组成；罗马帝国军团在之后采用了百人队的结构，这是一个更小的作战单位，但在最负盛名的第一步兵大队中，每支百人队的人数增加到了160人。

时间和共情对亲密关系的重要意义

在我们的个人社交网络中，我们与处于不同层级的个体的见面频次也会有显著差异。一般说来，我们每天大概会花两小时来参与社交活动，这其中并不包括工作交流时间，因为在工作时我们更多地是在考虑工作而非社交，也不包括我们与医生、律师、面包师等人的交流时间。你可以将这两个小时视为我们的社交资本，它是一个固定的数值，因此，我们为每一位朋友和熟人所能投入的精力都是有限的。

我们把自己 40% 的社交资本投给了我们内心最重要的 5 个人，他们每人平均分得我们 8% 的社交资本。我们将另外 20% 的社交资本投给了 15 人层级之内的其余 10 人，他们每人平均分得我们 2% 的社交资本。50 人层级之内的其余 35 人，平均每人能够分得我们 0.4% 的社交资本；而处于最外层级内的其余 100 人，平均每人至多能分得我们 0.25% 的社交资本——相当于我们每年只和他们见一次面。下文的专栏里，论述了社交时间对于灵长目动物的重要性。

社会群体的大小会受到人类认知能力的限制，我们将其称为认知负荷。然而，时间在此也扮演了一个异常重要的角色。在对个人社交网络进行研究的过程中，我们要求被试告诉我们，他们与自己的每一位朋友见面的频次，以及与朋友在感情上的亲密程度。我们采用了一个非常简单的 1～10 分的评分量表来测量人们的感情亲密度，尽管这个量表非常简单，但事实上它与许多心理学家所使用的感情亲密度量表呈现出良好的相关性。

时间的重要性

有两个原因使得时间对猴子和猿类来说非常重要。一个原因是，它们必须在一天 12 个小时的清醒时间里穿梭于各个能够获取食物的地点，完成觅食工作。在自身进化史的早期阶段，猴子和猿类选择了严格的昼夜生活方式，它们的夜视能力极为糟糕，必须白天觅食。体形和脑容量的增大还需要额外的觅食时间作为补偿，以确保个体摄入足够的能量和其他主要的营养成分。

另外一个原因则是社会性梳毛所需要的时间。因为灵长目动物会借助于相互梳毛来确立彼此的社交关系，这种关系的紧密程度直接取决于彼此交换的梳毛时间。因此，那些生活在大群体中的物种，花费在梳毛上的时间也会相应提高。群体越大，群体内的动物花费在社会性梳毛上的时间就会越多。

动物们如何分配花费在这些核心活动上的时间，对它们成功开拓特定栖息地至关重要，也会影响它们生活的群体规模。露西课题的一个重要组成部分，就是理清不同种类的猴子和猿管理自身时间资本的方式，以及找到会对这种管理造成影响的气候和环境因素。

课题成员朱莉娅·莱曼（Julia Lehmann）和曼迪·考斯特基恩斯（Mandy Korstjens），针对非洲的猴子和猿类建立了一系列的时间分配模型。她们的研究表明，最重要的影响因素是温度和季节。

温度很重要，因为温度会影响动物们所能获取的食物的质量，美味多汁的水果多见于阴凉的森林中，因为那里的地面温度更低。此外，中午的高温会驱使动物们在阴凉处休息，这进一步缩短了在白天的活动时间。

这些模型后来被该项目上的一位研究生卡洛琳·本特瑞奇（Garoline Bettridge）所借鉴。卡洛琳将其用于探索南方古猿在日常生活中所面临的时间限制问题，以及应对方式。卡洛琳发现，如果南方古猿是普通猿类，它们将不可能在实际居住的栖息地中生存下来。这主要是因为它们花费在路途上的时间将会大幅飙升。

直立行走似乎部分地解决了这一问题，这既是因为直立行走在能量利用上更高效，又因为更长的双腿也更节省时间。然而，单单是这一因素并不足以保证南方古猿占据实际生活的栖息地。为了减少觅食的时间，饮食结构的改变也是必不可少的。这种饮食上的改变似乎就包括更加依赖根菜类和块茎类食物，因为这类食物的供给来源更加集中。

结果表明，两个人的感情亲密度与他们的接触频次之间存在着显著的相关性：你与某人联系的频次越高，你与他的感情就会越亲密（见图1-2）。这一发现的言外之意就是，如果你因为某些原因而与某个人交往减少，也许是因为你搬到了另外一个城市居住，无法再轻易地见到他，那么，你与这个人的关系很可能会迅速降温，正如我们在感情亲密量表上所看到的那样。

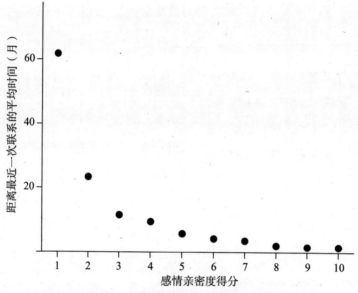

图 1-2　感情亲密度与见面频次的关系

我们越是与某个人感情亲密，我们与他(她)见面的次数就会越多。此图中，距离最近一次联系的平均时间与不同性质的亲密关系（由感情亲密度表征，10代表极其亲密）相对应。

我们希望通过研究亲密关系随着时间的推移所产生的变化，来验证这一假说。要做到这一点，我们需要找到一群将要离开家乡的人，这样他们就会很难与自己原来社交圈里的成员保持相同的交往频率。这项研究由山姆·罗伯茨（Sam Roberts）领导，我们付费招募了 30 名 18 岁的学生，彼时他们正处于中学时期的最后半年，作为交换条件，我们可以获取他们在之后一年半的时间里的通话记录。通过这些通话记录我们用 6 个月的时间来逐步建立起这些学生在家乡的社交网络图，而当他们进入大学以后，我们还可以追踪他们在大学里第一学年的生活。大学是一个有许多机会可以结交新朋友的地方，而这些学生与家乡的空间距离也意味着他们不会有太多的机会见到老朋友。

研究的结果令人吃惊。当交往的频次下降以后，被试学生与社交圈之间的感情关系亲密度也会骤然跌落，而这至多在 6 个月内就会发生。这一切发生的速度之快让人惊讶。当然，这可能只是青少年的特性，或者说只是因为青少年的友谊本就变幻无常。然而基于以下两点考虑，我们并不会做此推断。首先，这些人并不是孩子，相反，他们正处在成长为成年人的临界点上；在此次研究结束时，他们恰好步入20 岁。其次，我们的研究并非是证实了这一效应的唯一研究：先前的研究已经表明，即便是成年人在离开原来的住所后，他们的朋友也会相应改变。我们的项目与先前的研究并不完全相同，我们不仅能够指明哪些友谊已经凋亡，哪些友谊尚存，还能够指出友谊与感情亲密度以及交往频次的相关性。一言以蔽之，时间就是一切。当你不再为一段亲密关系投入时间时，这段关系也就枯萎了。

亲密关系的质量是非常重要的，因为它会影响我们彼此之间的利他行为。我们的研究发现，人们对朋友的利他倾向非常显著地依赖于他们之间的亲密度。关系愈是亲密，就愈是愿意帮助他们解决困难或者施以恩惠。在我们的另一项研究中，奥利弗·柯里（Oliver Curvy）要求被试在社交网络的每一层级中提名一个人，然后说明自己在得到请求的情况下是否愿意将肾脏捐献给他。实验结果表明，被试对 15 人层级之内的人的捐献意愿要高出 150 人层级之外的人 15%。

当然，询问你是否愿意做某件事（例如捐献肾脏）是一回事，而让你当天真正去做这件事就完全是另外一回事了。但在另一项研究中，我们要求被试去进行一项非常痛苦的滑雪练习，目的是为提名的亲属赚取金钱。这项练习是一项标准的滑雪训练，它包括背靠墙壁，仿佛身下有椅子一样坐下，但其实身下是没有椅子的。训练的目的是增强四肢肌肉，让被试在障碍滑雪中的动作更加优雅。一开始时，训练是非常轻松的，但在 3 分钟后，就会演变为剧烈的疼痛，大多数人都会在 4 或 5 分钟后因为难以忍受痛苦而瘫倒在地。

被试在这个动作上每坚持一分钟，我们就会支付给他 1 英镑，被试在每一次练习中所赚取的金钱都会直接交给他们指定的个体——顺序是他们自己、父母、兄弟姐妹、姑姑 / 叔叔、侄女 / 外甥、表亲或同性朋友。不管被试是怎样执行这项练习，他们所赚取的金钱数额都会依照以上所列顺序递减。这是真正的、名副其实的利他主义，因为被试为了赚取金钱必须承受痛苦。被试更愿意为那些与自己非常亲近而非疏远的人承受痛苦。感情亲密度和利他主义是相辅相承的。顺带说明一下，我们也在这次研究中加入了一家知名的儿童慈善机构，然而被试在这个选项上的表现总是会比其他所有受益者都更差。

友谊是非常脆弱的，如果得不到及时强化，它就会迅速衰落。但个体与家族成员的关系却明显不同。在针对学生离开家乡进入大学的那项研究中，我们经过 18 个月的跟踪调查发现，亲情关系的牢固程度让人难以置信，它完全不会受到交往匮乏的影响。这种亲情关系并非仅仅包括你与父母和兄弟姐妹之间的关系，它已经涵盖了整个家族，会一直延伸到你父母的表兄弟（或姐妹）的孩子。你可能已经和自己的一个姑姑、叔叔或表亲超过一年没有联系了，但这一事实似乎丝毫不会撼动你对他们的亲密感受，也不会影响他们对你的亲密感受。事实更可能是，你离家的时间越久，你对亲属所表达出来的感情亲密度越高。

这种亲情溢价将不可避免地延伸至行为上。不管我们的朋友身处于我们的社交网络的哪个层级上，我们对亲属始终都比朋友更慷慨。平均来说，你捐献肾脏给亲人的意愿会比捐献肾脏给朋友的意愿高出40%。当然，这种对于亲属尤其慷慨的行为并不是什么新闻：这是一种被称为亲缘选择的进化过程，我们之所以更加偏袒亲属而非无血缘之人，是因为亲属和我们共享了一部分基因。这一点，正如我们将要看到的那样，是小规模社群和传统社会中的一个重要特征。

在前一节中，我们探讨了时间对于亲密关系的重要性。然而，在限制我们交友的数量上，时间并不是唯一重要的影响因素。我们的亲密关系是一种感性的东西，我们心理上的某些特性很可能是我们管理亲密关系的关键。这包含了两个方面的内容：一个是共情，另一个则是我们对自己的朋友的理解程度。

即便是在最理想的状态下，情绪研究都是一件非常棘手的事情，在接近一个世纪的时间里，心理学家都在尽可能地避开情绪研究。其中的部分原因可能在于，情绪反应似乎是右脑的功能。语言中枢位于大脑的左半球，它与情绪中枢的连接并不是非常理想，以至于我们发现，要思考自己的情绪状态是一件异常困难的事情，我们无法用语言来恰当地表述情绪。我们没有一种用以描述这些内部状态的语言，对情绪的强度和性质，我们也缺乏任何科学的度量标准，这就意味着我们几乎不可能去比较两个不同个体的情绪状态。我的悲伤或快乐是否就比你的更多，或者更少？对此我们无法解答，也难以分辨。

这恰恰就是为什么青少年总是认定，他们自身所承受的苦恼要比其他任何人都多。正是这样的僵局使得20世纪20年代的行为主义者们开始相信，我们应该尽量避免讨论动物（包括人类）的精神状态，并代之以研究那些我们可观察、可测量的东西，即它们的行为。

我们也许会想屈服于行为主义的诱惑，尽量绕开对情绪问题的研究，但很快我们就会发现这是不可能的。情绪在亲密关系上扮演了一个非常重要的角色，很多时候，我们都会在一段亲密关系中感到温暖和幸福，而很多亲密关系又都终结在极为强烈的愤怒和沮丧情绪中。

在由麦克斯·伯顿领导的一项研究中，540 名被试向我们讲述了他们在过去一年中所经历的感情破裂事件。这其中包含了一项出人意料的事实，65% 的感情破裂都是发生在亲密的家族成员之间（包括表亲在内），最大的单一类项毫无新意地出现在爱情关系上（占 34%）。亲密关系破裂的最常见原因是被认定为缺乏关爱，而猜疑和嫉妒则紧随其后。所有亲密关系的破裂都会伴随着感情亲密度的急剧下降，愤怒和痛苦情绪也会随之而来。

当然，当一段亲密关系运作良好时，我们只会感受到与之完全相反的情绪，尽管我们很难精确地指出这些情绪的真实本质。当一段亲密关系正在如火如荼地进行时，我们对自身心理状态的语言描述往往会支离破碎、语焉不详。但有一个方面我们是可以确定的，那就是我们在一段成功的亲密关系中能体验到温暖。

情绪的另外一个维度与我们的进化和社会脑直接相关。表 1-2 所示，情绪可以划分为三个层次。处于最底部的是心境情绪，它指的是我们对某些地方和某些人的直觉感受。我们会体验到诸如安全和忧虑的情绪，同时又不一定能够确切地指出它们是如何产生的。一个安全的港湾和一处阴森恐怖之地，就是我们对某个地方或某个人的最基本理解。在心境情绪之上是基本情绪。基本情绪对我们的生存具有非凡的意义。恐惧、愤怒和幸福是所有哺乳动物所共有的情绪。它们使我们得以在威胁和危险面前做出情绪反应。

处于最顶层的是社会情绪。这些情绪要更加复杂，包括内疚、羞耻、同情和骄傲等人类的情感。这些情绪之所以能够如此鲜明地独存于人性之中，是因为它的起效依赖于心理化的能力。羞耻感源自我意识到他人对我抱有某种看法。我们注意到犬类也常常表现出内疚和羞耻的情绪，但是，丹尼尔·丹尼特（Daniel Dennett）将其视为一种非凡的例外，因为家犬在很大程度上是由人类驯化出来的，所以犬类也具备了人类的一些心理特质。

表 1-2　情绪阶梯

情绪		
社会情绪	内疚、羞耻、同情、骄傲	经由心智理论影响我们的行为
基本情绪	恐惧、愤怒、幸福、悲伤	对危险和需求做出反应
心境情绪	萦绕心头、深陷其中	为某处地方或某次社交聚会而动情

建立更大、更紧密的社交圈就意味着选择压力

在这里，我们需要讨论一些与亲密关系相关的心理学方面的内容，这些内容最初看来是完全晦涩不明的，但在过去的十余年间，我们对此已经进行了大量研究。与亲密关系相关的心理现象就是一种心理化能力。心理化能力是一种理解他人的心理状态，尤其是理解他人的意图的能力。丹尼特自"心理化"一词上创造出了另外一个词语——

意向性立场（intentional stance）。

意向性立场是指我们理解他人话语中所欲传达的真实含义的非凡能力。语言是一种臭名昭著的油滑之物，它所表达的含义常常是暧昧不明的。事实上，在我们采用暗喻或讽刺修辞时，语言的表面内容可以与它自身的深层含义截然相反。我们之所以能够弄清楚某段表述的真实含义，是因为说话者通常会在说话时运用腔调或手势来给予我们一些暗示。

心理化能力是我们能够完成这一复杂的、对我们而言又极为普通的社交任务的原因。心理化与共情相关，它们的不同之处在于，共情可能会被视为一种"热"的认知形式（我们能感受他人所感受到的情绪），而心理化则是一种更加"冷"的认知形式（"我明白你的意思了"）。心理化是一种我们在日常生活中要经常用到的技能，它能够帮助我们弄清每个人都想要什么，他们对我们的某些行为会做出怎样的反应，以及我们要怎样做才能让他们按照我们的意思去做事。

儿童最初获取心理化能力是在 5 岁左右。此时，儿童第一次认识到其他人有自己的心思，这些心思可能会致使他们对这个世界抱有完全不同的信念。心理学家将这种能力称为"心智理论"（意为儿童掌握了一种关于心理的理论）。一旦儿童掌握了这一技能，他们将做到两件先前完全无法做到的重要事情。

其一是说出具有说服力的谎言，因为他们此时已经知道你会如何对待他们所说的话，并借此向你传达错误的信息。其二是沉浸在真正虚构的游戏之中。玩偶娃娃的茶话会现在具备了某种真实性：洋娃娃们可能会泼洒出（空）杯子中的水，弄脏自己的衣服；由一条细绳所牵着的木块是一辆真正的汽车，它正奔驰在花园的"车道"上。这是一种非常重要的能力，它让某些远比儿童游戏更为重要的东西成为可能：文化的产生。但首先，这种能力与人际关系存在着什么样的联系呢？

就生物的整体演变而言，5岁儿童所掌握的心智理论，并不是什么特别令人印象深刻的能力。心智理论不过只是个体采用他人视角来看待事物的能力。我们知道，这种观点采择过程是其他猴子和猿类也能够完成的。尽管心智理论并不仅仅包含观点采择（它不仅包括理解他人的立场，还包括借此洞悉他人的意图），但心智理论可能是一种我们与类人猿所共有的能力。在这里，意向性立场为我们提供了一个自然的度量标准，因为意向性建构了一种层次等级，我们可以将其视为一系列反射性的心理状态。我信奉某物的事实（我知道自己的心思），等同于第一阶意向性；而我相信你怀有某种信念（你的思想状况），则是第二阶意向性。这是5岁儿童在掌握心智理论后，所能够达到的水平。

　　成年人在这一点上显然能够做得更好。事实上，我们的研究表明，第五阶意向性是大多数个体所能够达到的自然上限。这相当于在说：我**想知道**（wonder）、你是否**猜想**（suppose）、我**想要**（intend）、你**认为**（think）、我**相信**（believe）某事是真实的。5 个黑体词语就是指称心理状态的术语，哲学家将其统称为意向性。

　　这种心理能力的确令人赞叹，然而某些人甚至能够在这件事上做得更为出色。我们的研究表明，大约 20% 的个体能够准确地应对第六阶意向性陈述，还有极少数个体甚至能够把握第七阶意向性陈述。当然，这种个体差异同样存在于另一方向。有一定比例的个体只能把握第四阶意向性，还有少数个体可能会在处理第三阶意向性时受挫。相关数据分布曲线的尾部非常之长，因为有一小部分成人甚至未能掌握心智理论（第二阶意向性）；这些人通常会在临床上被诊断为自闭症患者，他们只掌握了第一阶意向性。他们为我们提供了一种特别辛酸而又极具启发性的范例，因为这种缺陷会导致他们完全无法融入成人的世界。这一情况同样会发生在智力正常（甚至是超乎常人）的相关个体身上。

　　这种心理化能力是引导我们踏入错综复杂的社会生活的关键，因此我们想要弄清楚，个体处理意向性任务的能力是否与他们社交圈子的大小相关。在某种程度上，这可以与杂要相类比：就像技巧娴熟的艺人能够在同一时间让更多的球停留在空中一样，那些掌握了第六阶意向性的个体，也会比仅能处理第四阶意向性的个体拥有更大的社交圈。这一猜测首先在杰米·斯蒂勒（Jamie Stiller）的课题中得到验证。他采用了一系列简短的故事和短文（大约 200 个单词），来测试人们理解故事中各种心理状态事件的能力。个体处理这些任务的能力与他们所列的最内两个层级的好友数量之间，存在高度相关。

社交生活触发心理上的愉悦感

社会脑理论告诉我们，以灵长目动物来看，社群规模的大小是受限于大脑新皮质的体积的，或者说，至少是受限于大脑新皮质某些区域的体积的。该说法中还包含一个明显的引申判断：如果这种现象存在于各个物种之间，那么，它也应该存在于特定物种之内。换言之，我们应该能够证明，个体脑容量的大小与其社交网络规模之间存在相关性。这是一个显而易见的推论。

利用强大的脑部扫描新技术，我们与佩妮·刘易斯（Penny Lewis）、乔安妮·鲍威尔（Joanne Powell）以及尼尔·罗伯茨（Neil Roberts）一起验证了这一假说。脑部成像仪能够穿过颅骨，生成活人的大脑图像（见图 1-3）。

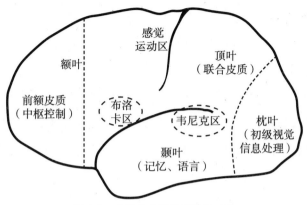

图 1-3　人脑的主要分区及其功能

　　它所利用的是大脑中不同物质的密度差异，以及脑电活动或脑部血液流动的微弱信号。不同的技术能够完成不同的工作：一种技术可以测量大脑不同区域的体积；另外一种技术则可以查看当大脑处理特定任务时，它的工作强度。

　　我们所做的实验非常简单直接。我们要求被试列出他们在前一个月内定期联系的所有人（大致相当于 15 人层级），接着，在被试进行意向性测试的同时，安排他们进行脑部扫描。最终，我们得到了两个重大发现：

　　首先，被试在执行多等级意向性任务时，大脑的激活区域与被试在执行简单心智理论（即第二阶意向性）任务时的激活区域相同。这些区域包括耳朵上方的颞叶区和眼睛上方的前额皮质的部分区域。然而，我们研究的新奇之处在于，那些能够应对更高等级意向性任务的个体，这些区域的体积也越大。

其次，那些拥有更多朋友，能够处理更高等级意向性任务的个体，其眼窝前额皮质的体积也会尤其大。最为重要的是，我们的研究表明，这其中存在清晰的因果关系：那些拥有更大眼窝前额皮质的个体，往往能够处理更高等级的意向性任务，也正因为他们能够处理更高等级的意向性任务，因此他们会有更多的朋友。

这一极为惊人的发现告诉我们两件事。第一，社会脑理论在同一物种之内同样成立，且其效力不亚于在不同物种间的应用。这是令人欣慰的，因为社会脑理论提供了一种进化棘轮，促使物种在进化过程中依靠自然选择程序增加自身的脑容量。当自然选择在不同个体身上产生差异化的效用时，进化也就发生了。因为这种差异化效用与适应性相关。适应性主要表现为个体所遗留下的后代数量。因此，我们可以假设，那些拥有更大脑容量（至少是更大的眼窝前额皮质）的个体能够在社交上取得更大成功，并进而遗传给更多的后代，而其最终结果就是代际间脑容量逐渐增大。

我们并不能确定这一点是否完全适用于人类，但是，我们在东非研究狒狒的过程中发现，相比于社交圈更小的雌性狒狒，拥有更多朋友的雌性狒狒会留下更多的存活后代。朋友对个体而言的确非常重要，这也许是因为朋友能够帮助你应对群居生活中的刺激性压力。当你遭受非难时，朋友会赶来援助你，也许更为重要的是，仅仅因为他们生活在你附近，就能够让恶人远离你。第二，社会脑理论提醒了我们，为什么社会生活如此难以应对。社交活动消耗了我们大量的脑力资源，尽管这个消耗过程是内隐的（即本能性的）而非外显的（即涉及意识思维的）。

这会提醒我们去注意一个更深层次的进化论观点。脑组织是极其昂贵的（每克脑组织所消耗的能量是肌肉组织的 20 倍），要进化出更大的脑容量就需要付出更大的代价，所以自然界必然存在着青睐于更大脑容量的强大选择压力。社会脑理论恰巧告诉了我们，这种选择压力是什么：建立更大型、更紧密的社群组织的需求，其中包含与之相对应的更大数量的亲密关系。

当然，社会脑理论并没有告诉我们，是什么样的选择压力在催生大型的社群组织，尽管我们从对猴子和猿类的研究中得知，对抗捕食者似乎是一个非常重要的因素。我们可以推断，源自捕食者的压力非常巨大，它足以迫使那些想要迁居危险栖息地的个体发展出社会性的反制策略。接下来我们会看到，这并不能完全解释人类谱系中所发生的事情，在人类进化过程中，似乎还有其他力量参与了进来。但它提醒我们，我们不能忽视一个事实——大脑和认知的关系中潜伏着一个疑难问题，需要我们给出一个进化论的答案。因为大脑的能量消耗巨大，动物们必须寻找更多、更好的食物来为其提供营养，所以大脑需要一个真正合理的理由来为自己所选择的进化路径正名。

前文已经谈到过有关情绪的棘手问题及其研究难度。现在，我们需要重新回到这个话题上来，以审视社会联结的另外一个重要内容。在猴子、猿类和人类中，社会联结似乎包含某种双重加工机制。一重加工机制就是认知过程，它允许我们完成诸如心智理论程序中所包含的心理计算问题。这重加工机制还会促成更为外显的认知过程，如信任和互惠关系中所需要的认知。在信任和互惠关系中，我们会始终铭记那些帮助过我们的人，以及背弃了自身义务的人。而另一重加工机制则有着很大的不同，它的形式更类似于与情感成分相关联的"热"认知。它发起于一类被称为内啡肽的神经肽。内啡肽的子类别 β - 内啡肽，尤其与猴子和猿类的社会行为紧密相关。这些化学物质由下丘脑分泌（下丘脑位于大脑新皮质之下，是潜藏在旧脑深处的一小块区域），它们的受体广泛分布在整个大脑中，这些受体在疼痛管理区域的分布尤其密集。

内啡肽的一个关键特征是：它由大脑分泌，效用是对抗身体出现的疼痛和应激状态。心理应激也会导致内啡肽的释放。内啡肽在化学作用上与吗啡类似，它能够抑制疼痛，并给予我们快感。这一点与吗啡及其他鸦片制剂相同。唯一的差异在于，我们并不会像对人工鸦片那样，对这种大脑自身分泌的化学物质产生生理依赖。社会性梳毛就是能够促使内啡肽分泌的情境之一，社会性梳毛本身就是猴子和猿类形成社会联结的核心机制（见图1-4）。这是因为有一组特殊的神经只会对轻柔的抚摸产生反应，而在社会性梳毛的过程中，对皮肤和毛发的抚摸触发了大脑中内啡肽的分泌。

鸦片制剂能为人类带来快感，这就是成瘾的原因。当然，内啡肽同样能激活大脑的奖赏机制。我们从中得到的欣快感，使得我们不断渴求重复触发内啡肽释放的行为。与此同时，内啡肽所带来的放松效应营造了一种特殊心理状态，这种心理状态允许我们与任何凑巧共事的个体建立起一种信任关系。猴子和猿类并不会随意地为它们团体中的任意个体梳毛。相反，它们都有特定的梳毛伙伴，而它们的梳毛伙伴也正是自己的重要盟友，会帮助自己对抗群体生活中必然存在的压力。

体育锻炼诱发内啡肽分泌，是运动过程产生痛苦的自然结果。在结束一次锻炼活动后，我们会获得一种与摄入鸦片制剂相类似的情绪高涨感，我们会觉得整个世界安好、舒心。事实上，我们中的很多人都会选择定期运动，早上8点钟散步在市中心体育馆的人就是最好的证明。我们的确可以从某些药物制剂引发的效应中获得快感，事实上，内啡肽似乎有助于调节免疫系统，并给予我们真正的医疗效果。

图 1-4 梳毛

对于这只日本猕猴来说，被梳毛的过程是一种非常放松的体验，因为梳毛者的抚摸动作会诱发内啡肽的分泌。

如果我们是和同伴一起进行诱发内啡肽分泌的活动，还会产生一些额外的效力。和其他人一起进行内啡肽释放性活动，会显著提升效果，令内啡肽的作用力更强。我们并不知晓其中的原因，但在猴子和猿类中，这种效应是显而易见的：彼此进行社会性梳毛的两个个体，会结成稳固的互助同盟关系，其结果就是梳毛伙伴愿意彼此守护，必要时，它们还会一起对抗占据绝对优势的敌人。一言以蔽之，内啡肽能够塑造友谊，建立亲密关系。

至少还有另外两种情境会诱发内啡肽的分泌，那就是发笑和音乐。我们曾感到大惑不解，为什么这两种独特的人类活动会令我们如此着迷？事实上，为了享受它们，我们甚至愿意花费大量的金钱。尽管心理学家史蒂芬·平克（Steven Pinker）曾公开指出，音乐不过只是进化意义上的奶油蛋糕，并不具备特别的意义或价值。然而，在生物学中，有一条重要的经验法则：如果机体愿意不惜代价投资某物，那么这个东西就不可能是毫无功用的。因此，我们乐意为某物花费金钱是在提醒我们，该物极有可能存在进化意义上的功能和价值。

为了弄清楚这一点，我们针对发笑和音乐进行了一系列实验，并利用疼痛阈值来作为内啡肽释放的指标。其中的逻辑非常简单。如果内啡肽是疼痛控制系统的一部分，确切地说，是在疼痛产生时被分泌出来的，那么，在一次大笑或音乐创作后，疼痛阈值提高就是释放内啡肽的证据。基于这一想法，实验中，我们将用于冰冻酒瓶的酒瓶套子套在被试的手臂上，以测量被试的疼痛耐受性。他们的疼痛阈值以他们耐受酒瓶套的时间长短来计量。接着，被试将会参与到令他们发笑或者涉及音乐表演的活动中，之后，我们会再次测量他们的疼痛阈值。如果他们的疼痛阈值没有变化，或者疼痛阈值在活动后变得更低，那么，我们就可以得出结论，发笑和音乐活动并不存在内啡肽效应。但倘若疼痛阈值在参与活动后变得更高了，那么，这一定是内啡肽分泌的效果。为了确认这一点，除实验组以外，我们还设立了一个控制组。控制组的成员会参与类似的活动，但其内容不会涉及发笑或主动的音乐创作。如果在实验情境下被试疼痛阈值提高，而在控制情境下被试疼痛阈值没有变化，那么，我们就可以确定，上述活动引发了内啡肽的分泌。

我们一共进行了6组笑声实验，其中包括爱丁堡边缘艺术节的一个脱口秀节目。除去这个脱口秀节目外，我们对实验组所使用的材料都是喜剧电影。而控制组被试所观看的，都是在我们看来非常枯燥无聊的视频，包括旅游宣传片、宗教节目和高尔夫教学视频。音乐实验则略有不同，在这类实验中，我们需要被试主动表演音乐。我们一共进行了3组音乐实验。第一组是比较两次宗教仪式（祈祷会与载歌载舞的魅力型仪式）；第二组是比较一支鼓乐团和一家大型音乐零售商的店面员工（这些员工每天都会听大量音乐，但自己其实并不表演）；

第三组是观察流畅的音乐表演和时常被打断的音乐表演（在彩排过程中，音乐表演时常会因为需要纠正错误而被迫中断）。

所有这些实验的结果基本上都是相同的：实验组中观看喜剧电影并被逗笑的被试以及主动演奏音乐的被试，他们在完成各自任务后，其疼痛阈值都会有所提高。而控制组的被试，无论他们是观看了无聊的视频，进行了祷告，还是聆听了音乐，其疼痛阈值都没有变化。换言之，发笑和音乐表演都是触发内啡肽效应的有效机制。它们之所以有这样的效果，是因为这些活动对身体造成了压力。

在演奏乐器时，这一情况尤为明显：演奏乐器是一种消耗巨大的体力活动，演奏者要为之付出大量的努力。演奏中精神也必须集中，这对身体来说是另一种压力。发笑和歌唱对身体造成压力的原理可能稍有不同，也就是说，横膈膜和胸腔肌肉需要以一种非常精确的方式发力，以发出我们需要的声音。譬如，歌唱就比说话困难得多。发笑不仅涉及肌肉的辛勤劳作，还会耗尽我们的气力。因为在发笑过程中，我们只呼气不吸气，这会清空肺部，令我们喘不上气来。俗话说"笑到肚子疼"是有道理的。

尽管黑猩猩（可能还包括其他类人猿）和我们一样也会发笑，但它们的发笑过程与我们的发笑过程存在结构上的差异。黑猩猩的发笑过程，只涉及一系列简单的呼气/吸气运动：每一次发笑都伴随着一次吸气过程。这一关键差异意味着，猿类在发笑过程中并不会遭遇气力耗竭效应。人类所做的似乎是，从猿类身上汲取基本的发笑功能，并在两个重要的层面上对其进行结构性改造，这样人类的发笑过程就会更易疲劳，并在社交意义上产生升级版的内啡肽效应。这与我们在社会性梳毛中所看到的内啡肽效应相似。

音乐表演的作用原理似乎也与此相同，它同样具备社交意义。需要重点指出的是，只有主动的音乐表演才具备该效果：单纯地聆听音乐并不会产生相同的效应，尽管音乐为我们带来的情感痛楚是否涉及内啡肽效应以及其他的神经或神经肽机制，仍未可知。但是，我们推测，内啡肽效应同样解释了为什么我们会如此喜欢舞蹈，以及为什么舞蹈在人类的社会行为中扮演了如此重要的角色。

本章中，我们重点讨论了现代人类的行为特点，这也是我们进化历史的终点。我们得到了一个引人注目的发现：小世界群体的结构，与个体的社交网络层级之间存在一致性。这些群体的结构遵循 3 倍法则，每一层级都是它前一层级的 3 倍大。我们同样看到，大脑的结构是如何为我们记忆他人的信息以及对这些信息做出回应设定限制的。认知负荷的压力不仅存在于个体身上，还存在于社群组织的层级结构中，如狩猎－采集群体和军队。我们还确立了"冷"认知的重要性：心理化的能力帮助我们去了解人们想要什么，以及我们该如何利用这些信息。这引导我们去学习心智理论以及去研究我们所做之事的情感基础。

仅仅是在这次对现代社会生活的粗略概述中，我们就已经看到，当下与过去之间的鸿沟开始显露。我们怎么能够从一堆堆的化石中研究人类的情感呢？我们究竟有没有可能知道一个尼安德特人曾经有过的社会性意图？在下一章中，我们将会重回远古时代，并探明现代人类身上的特质是如何进化而成的。是时候把我们的祖先牵涉进来了。

THINKING BIG

HOW THE EVOLUTION OF SOCIAL
LIFE SHAPED THE HUMAN MIND

02

社群生活
初始化

我们发掘古物是为了解决问题，
而非为了寻获古物本身。

- 从自下而上的视角看待社会生活，社群行为是摸索出来的，而非规制出来的，其中的关键在于互动和联结。

- 人类进化的永恒三角：饮食调整；社会协作；翔实的环境知识。

- 个体利用物质、感官体验和化学奖赏塑造了自己的社会生活。

- 社群规模增大的主要好处：1. 安全；2. 安心。

任何研究课题最困难的部分就在于验证思想，但这也是最为有趣的部分。考古学家将会接手本章的叙事，并用确凿的证据来验证各种思想。我们发掘古物是为了回答问题，而非为了寻获古物本身。若非如此，我们就不应该称自己为考古学家。如果我们心中并不清楚自己将会发现什么，或者期望发现什么，以及这些发现将会如何揭示人类的故事，那么，我们就永远不会在地面上落下铲子，开始发掘工作。地面上会有种种线索指引我们在何处发掘：使用过的燧石、动物的骨骼以及早前的发掘工作（比现代的发掘工作更深入也更迅速）。但即便如此，考古学家的黄金法则仍旧是"期待未曾预见之事"。

　　当年轻的研究员约翰·格列特（John Gowlett）在肯尼亚的切苏旺加遗址（Cheso-wanja）展开发掘工作时，他其实是在寻找石器制品。但他却发现了最早期的用火遗迹。2003年，在印度尼西亚弗洛瑞斯岛（Flores）的梁布亚（Liang Bua）洞穴，澳大利亚考古学家迈克·莫尔德（Mike Morwood）挖掘出了一具小型的人类骨架化石——这个所谓谓的霍比特人，改写了有关人类多样性的教材。你可以想象这其中的惊喜。

但是，考古学家知道，有些事物是他们永远都不会发现的。它们便是有关友谊、亲情以及第五阶意向性的化石证据。因为根本没有哪个石制工具会明确地写明"她是我的朋友"，一块烧焦了的动物骨骸也不能让我们重构一些精确的社会推理，例如"他烹调一份牛排，是想要她相信他爱她"。在一次挖掘工作中，即使找到了一座雕琢过的象牙雕像，你也并不能大声宣称："他们现在有语言了！"同样地，从德国洞穴遗址盖森克罗斯特勒挖掘出最古老的鸟骨长笛，并不意味着我们寻获了4万年前音乐起源的时刻。

面对这些挑战，考古学家通常会持有两种态度。第一种态度是将一切社会行为视为有关世界运转的推测、想象和模型，它们不能用考古学的证据来证实。持有这种观念的考古学家会退回到他们的舒适区，讲述自己发现的燧石，完善年代史以便对重大事件进行重新组织，专注于生存的基本要素——捕食对象是什么，如何将其捕获，以及为什么选择这种食物。

第二种态度是接受科学研究的艰难部分，正如我们在露西课题中所做的那样，并认识到，如果考古学家想要在人类的进化故事中拥有话语权，那么就必须找到方法来验证现代灵长目动物和人类研究中涌现出来的各种思想。我们研究的出发点是社会脑理论。我们在本章中所面对的挑战，是寻找方法深入社会脑学说，并使得采用考古资料来验证这一学说成为可能。

我们所理解的社群行为

克莱夫·甘伯尔在 1999 年出版的著作《旧石器时代的欧洲社会》（*The Palaeolithic Societies of Europe*）中写到，我们早就应该摒弃"（当时）对食欲及化石脑的研究，并将我们的分析才华导向社会生活的丰富性，它是包含在我们的考古发现之中的"。这是露西课题考古学部分的宣言。只需要阅读有关旧石器时代考古研究的早期报告，你就能够意识到，考古学家始终未能走得太远。在有关尼安德特人的记述中你会发现，这些几乎和我们有着相同脑容量的人，他们的社会生活却被认为尚不及一群现代狒狒丰富。

多罗西·切尼（Dorothy Cheney）和罗伯特·赛法斯（Robert Seyfarth）于 1990 年出版了极具影响力的著作《猴子如何观察世界：深入另一物种的心智》（*How Monkeys See the World: Inside the Mind of Another Species*），而考古学家保罗·梅拉尔斯（Paul Mellars）则在 1996 年出版了《尼安德特人的遗产》（*The Neanderthal Legacy*）。

　　你可以将两者的叙述进行比较。小脑袋的灵长目动物丰富的社会生活和日常互动，与我们头脑发达的化石祖先几乎非社会性的存在形式形成鲜明的对比。但梅拉尔斯至少还是用了一章的篇幅来描述尼安德特人的社会生活，这相较于戈登·柴尔德有了很大进步，柴尔德1951年的著作《社会进化》建构了之后50年间相关讨论的框架。

　　作为澳大利亚人，柴尔德出身在一个拥有狩猎和采集者群体的大陆。同时，柴尔德还是一位历史学家，他认同生产的社会性力量及其存在的物质基础。他将自身超凡的分析才华全部用在了研究农业的起源和文明的兴起上。柴尔德行走在欧洲史前史和近东文明曙光初现的交界面上。

　　但不幸的是，柴尔德对狩猎者和采集者嗤之以鼻。根据柴尔德的说法，这些人生活在野蛮时代，身处进化阶梯的最低一级。这一观点源自美国人刘易斯·亨利·摩根（Lewis Henry Morgan）1877年的著作《远古社会》（*Ancient Society*）。我们有幸避开了这一社会阶段，这要感谢新石器革命带来了农业，农业是一种稳定的生活方式。柴尔德认为，我们对农业应该永远心怀感激。

　　柴尔德痴迷于历史长河中有关社会变革的证据。欧洲的史前遗迹和冶金术，近东的金字形神塔和皇家陵墓，以及依靠农业基地建立起来的城镇和城市，这些都可以用来编织出一个富有感染力的故事，以讲述历史上曾经发生过的事情。这里的情况并不同于有关早期狩猎者和采集者的旧石器时代证据。柴尔德说:"考古学的发现欠缺有关社会组织的象征标识和旧石器时代早期部落的记录,这是令人遗憾的,但并不出人意料。由我们所能获取的零星资料来看,我们无法对其进行概括归纳。"

大多数考古学家都在直觉的指引下遵循了柴尔德的理念,他们坚持认为,社会行为的推断必须以直接的证据为基础。自1951年起,在对依赖农业生产组建起的社群研究中,社会研究法开始盛行起来。社会复杂性在世界各大洲以及遥远的大洋洲群岛不断增长,考古学家对此提出了非比寻常的洞见。有关社会生活的分析也建立在社会结构进化的基础之上:平等主义、大人物、领袖、分等级和分阶层的社会。权力的意识形态及符号结构被精心析出,从家庭到城邦,再到帝国之上,这种分析结果涵盖了不同规模和人口的社会。研究者对墓地做了分析,各种殉葬品开始进入人们的视野,也成为不同类型社会的标志。战争、军队和奴隶的记录,被用来区分权力结构和可用的劳动力。在早期区域化的事例中,贸易网络和贡品为"核心地域是如何改造偏远地域的"这一问题提供了更多细节和阐释。

然而,在这次新考古学研究轰轰烈烈开展的过程中,受到最少注意的群体便是旧石器时代的狩猎者和采集者了。人类的进化体系已经不再将其划定为野蛮时代。现在，他们被归类为营居群社会。社会组织演变过程的权威划分方式是：从营居群到部落，再到酋邦乃至国家。这些术语的定义与我们在谈论 3 倍法则时并不完全相同。这一学说由人类学家埃尔曼·瑟维斯（Ellman Service）和马歇尔·萨林斯（Marshall Sahlins）提出。转折点出现在 1966 年，当时，在芝加哥召开了影响巨大的"狩猎者其人"学术研讨会。这次会议将人类学家和考古学家聚到了一起，并为我们呈现了一种全球性观点。

随后，营居群社会被划分为简单狩猎－采集者社会和复杂狩猎－采集者社会两种形态。两种社会对食品的消耗速率采用了不同的管理方式。人类学家詹姆斯·伍德伯恩（James Woodburn）将其描述为即时（简单）和延迟（复杂）回送系统。这一划分在很大程度上源自现代样本。露西课题的副研究员艾伦·巴纳德（Alan Barnard）对此也进行了深入研究。当我们将这些模型应用到考古记录时，那些拥有墓葬、艺术和建筑的社会，如欧洲旧石器时代晚期社会，就会成为复杂社会的范例，而其余社会则被默认为简单社会。简单社会包括尼安德特人的社会和旧大陆上我们所有其他化石祖先组建起的社会。

一些人声称他们能判定早期人类的社会生活状况，对此，考古学家依旧持怀疑态度。然而，应对这种不利局面的时机终于降临了：人类作为一个物种，其历史还有整片的地带未经探索。我们在后文的专栏中提供了一个示例。在这个例子中，一夫一妻制被视为进化问题而加以研究。新的研究结果令人兴奋，与柴尔德的观点相反，相关的证据是存在的。

如果我们屈从于悲观者的观点，那么我们将付出巨大的代价，永远都不会真正理解自身的进化过程。因为与所有的猴子和猿类一样，我们在进化上的成功依赖于我们自身的行为，尤其是我们的社会行为。露西课题所面对的挑战在于，为了使我们对祖先的社会及心理生活的阐述更富有意义和建设性，我们必须寻找到不同的道路以绕开这一僵局。

一个旧石器时代的社会是什么样子的？为了回答这一问题，我们所踏出的第一步就是抛弃营居群模型，因为这个模型并不能解释太多东西。它只不过是一个标签，除此之外再无其他功能。不过，它的确告诉了我们不该去寻找什么。它所信奉的是一种自上而下组织起来的社会模型。这里呈现了一种将社会视为建制（institution）的视角，对美国公民和持有曼联季票的球迷而言，这并不陌生。

建制先于我们而存在，就像乔治王子生于君主立宪制的英国皇室一样。我们成为某一建制的成员，可能是由于我们的出身，就像乔治王子一样，也可能是出于我们自己的选择，比如花钱成为一家机构的会员。

性和一夫一妻制大脑

我们把本章的重点放在了社会共同体形成的方式上。但在人类行为中，有一个重要方面是与此间接相关的，同时，它也在人类进化进程中扮演了关键性角色，这便是交配行为。一个物种的交配体系是其存在的基本组成部分，因为始终都是繁衍驱动了物种的进化。交配体系同样也嵌入了物种的社会系统。

灵长目动物的交配体系通常被划分为简单的几个类型：对偶相系（pair-bonding）的一夫一妻制、垄断性一夫多妻制（harem polygyny，其中，一名雄性垄断多名雌性的交配权）以及多夫多妻制（multi-male polygyny，其中，多名雄性与一支雌性群体生活在一起，雌性进入发情期后，雄性之间为获取交配权而竞争）。

研究者将这些社会形态的前身视为一种半孤立的群居生活，其中雄性独占领地，而雌性则各自为政。

对偶相系，或者说一夫一妻制，是研究者自始至终的关注焦点，这正是因为人类建构了这样的一种关系。它还关系到双亲对于后代的养育问题，并因此而被视为人类进化的核心。男人和女人彼此结合，共同将精力投资于后代的喂养上。

事实上，研究者认为，对人类来说，对偶相系和繁衍后代是一样重要的，因为人类后代的抚育花费巨大。同样的论点也成为劳动分工的理论基础。劳动分工是另外一种具有决定性作用的社会特征，它塑造了人类本身：男性依靠狩猎来为妻子提供食物，与此同时，妻子肩负起养育后代的重任——这是终极的投资冒险合作。

其实，人类究竟是一夫一妻制的群体，还是一夫多妻制的群体，这仍旧是一个会引起激烈争辩的议题。许多人认为，人类在根本上仍旧是一夫多妻制的，其中，一夫一妻制充当了社会和经济上的强制限制。另外一些人则认为，男性基本上是多余之物：是外祖母在帮助母亲照料孩子。

狩猎也被降格为一种附属性的存在，类似于征婚广告：大型狩猎活动的风险很高，能够在这一领域取得成功的男性，毫无疑问也拥有优秀的基因——良好的身体协调性以及反应敏捷的大脑，令其能躲过猎物的每一次攻击。事实上，以解剖结构（例如相对睾丸大小）来衡量交配体系的话，人类恰好处在一夫一妻制的灵长目动物（如长臂猿）和一夫多妻制的灵长目动物（如狒狒和黑猩猩）之间。

在一夫多妻制的物种中，雄性的睾丸相较于身体而言非常之大，而一夫一妻制的雄性睾丸则要小得多。人们猜想，这是因为在一夫多妻制的情况下，雄性必须为交配而相互竞争，在一次性交过程中射出的精子越多，就越有可能令雌性受孕。因为一次精液射出量和睾丸大小之间存在简单函数关系，所以，那些想要在这种类似博彩的交配中最大化中奖概率的雄性，就必须拥有能够负担的最大的睾丸。

当然，这里的问题在于睾丸是软组织，并不会形成化石。这就使得我们对化石物种的交配体系很难得出任何牢靠的结论。然而，露西课题的一名研究生艾玛·尼尔森（Emma Nelson）有了一个新奇的想法：利用食指和无名指的长度比值来作为替代（见图2-1）。这一比例会受到胎儿期睾酮水平的影响，并且，男性的食指与无名指长度的比值要始终低于女性（即男性的食指比无名指要更短一些）。

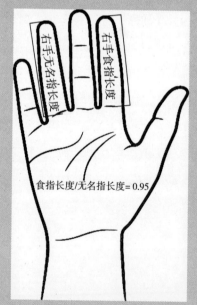

食指长度/无名指长度= 0.95

图2-1 食指长度与无名指长度的比值

尼尔森证明，在一夫一妻制的猴子和猿类中，无论是雄性还是雌性，它们的食指与无名指长度的比值都接近（甚至略微地大于）1；而在一夫多妻制的物种中，雄性和雌性的食指与无名指的比值明显要更低（通常为0.9左右）。不可避免地，现代人再次遗憾地处在了一夫一妻的长臂猿和滥交的类人猿之间。接着，尼尔森与生物学家苏珊·舒尔茨（Susanne Shultz）和丽莎·凯什摩尔（Lise Gashmore）开始研究起化石祖先的指骨。

结果表明，大部分古人类（包括早期人族动物地猿和后来的尼安德特人）的食指和无名指长度的比值都毫无争议地处在了一夫多妻制的范围内。诡异的是，只有南方古猿食指与无名指长度的比值接近于一夫一妻制的长臂猿，尽管它们的交配体系与暧昧不明的现代人并没有明显的差异（见图2-2）。

一些考古学家始终都认为，在早期人类进化过程中，对偶相系的关系很早便出现了，也许能追溯到距今550万～450万年前的古老地猿——比著名的南方古猿露西和它的同类，还要早上100万年左右。然而，食指与无名指长度的比值的记录资料表明，所有的人族动物，包括尼安德特人和来自中东卡夫扎遗址的早期解剖学意义上的现代人，都是和黑猩猩及大猩猩一样的一夫多妻制种群。简言之，似乎我们所有的祖先实行的都是一夫多妻制。没有一种早期人类是长臂猿那样

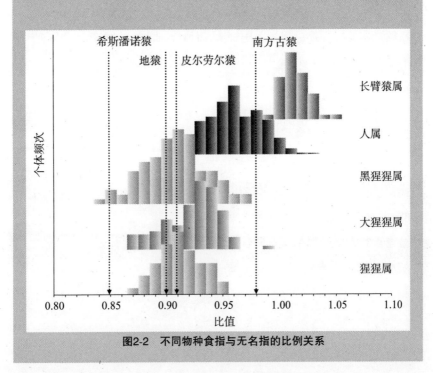

图2-2 不同物种食指与无名指的比例关系

实行专一的一夫一妻制，并且，也几乎没有一种早期人类实行与我们相似的一夫一妻制。

这在某种程度上削弱了对偶相系的进化是为了促成双亲养育的观点。就双亲养育产生的范围来说，这并不是说它没有发生，它似乎是对偶相系带来的机遇产生的结果，而非如大多数人先前所猜测的那样，是对偶相系出现的原因。

这也许是言之成理的。因为，作为露西课题的一部分，苏珊·舒尔茨、基特·奥佩（Kit Opie）和昆汀·阿特金森（Quentin Atkinson）能够证明，在灵长目动物社会进化过程中，一夫一妻制是一种沉溺状态：一旦某个物种进入了这种状态，它就会很难再转换回来。在专性的一夫一妻制中，有些东西似乎是不可更改的。这可能是因为，真正的一夫一妻制需要行为和认知上的重大改变，进而带来脑结构的变化，这种变化一旦成形就很难还原了。

专性的一夫一妻制是进化意义上的末路——它似乎是令一个物种更缺乏灵活性了，至少就其社会体系而言是如此。灵活性的缺失绝不会带来进化上的成功。如果事实真是如此，那么，这很可能就是没有哪一种古人类是真正的一夫一妻制动物的原因。任何类似的进化尝试都只会导致种群的迅速灭绝，因为在过去的200万年里，气候变化的阴影始终萦绕不去。

狩猎－采集者营居群是人类学家为填补空白而设计出来的建制。奇怪的是，它更多是由其所不具备的元素来定义的——农业、城镇和纪念性建筑。相较于未来社会的精巧复杂，这的确只是一个微小的开端。在这一方面，柴尔德是绝对正确的：现存的"零星资料"并不允许我们对社会行为做太多阐释。如果我们将寻找有关建制的确凿证据作为研究旧石器时代社会的手段，那么我们将永远也无法找到它们。

然而，还有另外一条路径可以探看过去的社会生活。这条路径可以是一种自下而上的视角，它源自我们对灵长目动物的观察。社会行为的规则并非由社会建制所规定和认可，而是由个体摸索出来的。这里的关键词是互动和联结。社会化意味着相互联合，意味着社群成员之间彼此合作，不论它们是狒狒、尼安德特人，还是你社交媒体上的好友。

物种为参与社会联结而分享不同的资源，会导致社会互动模式的不同。在我们社会性的核心之中，有两种东西是尤为重要的，那就是物质和感觉体验。前者由食物、水、石头、木材以及环境中其余一切资源组成。后者是所有社会联结产生的共同基础，它源于一种久远的、共有的感觉遗产：触觉、视觉、味觉、听觉和嗅觉。当然，所有灵长目和人族动物在其社会性接触中，首先呈现的是它们的身体。这其中会涉及化学性痛苦和奖赏系统，以及不同形状的手指（主要用于触摸梳毛）、四肢和牙齿。

　　然后，社会的互动和联结便开始形成。基本的社会单位是二联体：即任意两个人组建的社会单位。但基于进化因素的考量，最重要的二联体显然是母亲与其孩子的联结。二联体之上是更大的群组，可能是近亲、密友、互助小组或形形色色的人际网络。个体能够随意寻找群体成员获取食物，或者在冲突发生时寻求保护。克莱夫·甘伯尔原本将这些组织层级称为亲密网络、有效网络和外延网络。山姆·罗伯茨在此基础上对这一理论进行了扩充。

　　狒狒和尼安德特人的区别不只在于它们的脑容量，还包括形成社会联结的物质和感觉体验的范围。对狒狒来说，社会联结的产生很大程度上依赖于社会性梳毛。一天之中，狒狒有足够的时间享受这种触感联结所带来的化学奖赏。但是，对于拥有更大脑容量和150人规模社群的人族动物而言，如尼安德特人和我们自身来说，事情则并非如此。因为在这样规模的社群里，根本没有足够的时间来让个体以如此亲密的方式强化彼此之间的联结。

　　通过每日面对面的互动，人类进化过程中发生的种种事情，建立在使我们逐渐显现并持续重复"我们之所是、我们社会之所是"的主要行为模式上。它与社会在宗教、政治、法律和商业领域的建制模式毫不相干。相反，它围绕着物质和感觉体验这两个核心搭起了"脚手架"，并以此来促进更复杂的社会联结成形。这个脚手架采纳了许多社交形式。它包括将人连接起来的仪式，无论是活着的还是已死的，并将真实与想象并置一处。它涉及构思新的工艺品和建筑来表达这些概念。然而，这些新的社交形式的灵感，总是激发自社会化的基本内容。这意味着尝试各种方法来建立社会联结，将个人社交网络各个层级的个体，也就是全社会的个体，用一种更加持久的方式紧紧联系在一起。"脚手架"从未撤离，新的社交形式也始终处于扩展状态，关于这一点你只需参照一下我们的数字时代就懂了。社会生活的问题，仍旧在困扰着我们，而我们也始终想要运用自己的聪明才智来觅得答案。

这个过程可以被描述为增强既有之物，即借助身体动作，如舞蹈，来促进阿片肽的释放；或者借助对客体的感情，它们勾起的回忆，以及情感效应、共情作用让旁观者产生的热认知，增强现存的、来自情绪和情感的信号。这一点在工具制作上尤其明显。一根挑逗白蚁离开巢穴的木棍，先是被制作成挖掘棒，然后被制作成长矛、箭矢、书写工具。每次转变的发生，都伴随着新的、不同的社会关系成形。图2-3展示了社会脑元素"地图"各种社交形式。与此同时，感觉体验同样能够被放大。音乐、语言、烹饪和绘画都能产生感官刺激，丰富群体联谊会的体验。我们所能找到的用以描述这一过程最动人的词语就是"陶然"。法国先锋社会学家涂尔干首先用这一词语来描述社会生活所带来的陶醉感，人们欢聚在一起，表演舞蹈，举办仪式和典礼。"陶然"同样用于形容聚会结束后缠绵不去的感受，如团体的集体精神，社会生活的凝聚力等。

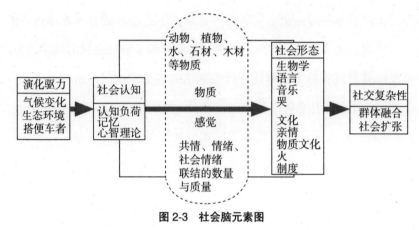

图 2-3　社会脑元素图

感觉体验和物质是资源的核心，它们帮助组建起了新的强大联结，以应对
更为庞大的社群规模。

人类已经探索了多种方式来提高兴致，改变社交聚会的氛围。当
我们饮酒、听音乐或品尝美味的菜肴时，我们就是在增强产生社会联
结的核心资源。同样地，我们会从事能够刺激阿片肽分泌，为我们的
身体带来奖赏的公共活动。这些解释了我们对集体运动、大合唱以及
作为观众笑作一团的热情。我们还会精心地改变周围的环境，让自己
身处的地方或迷醉或鬼魅，同时也令我们感到或安全或恐惧。

对于旧石器时代的社会考古学，我们的看法源于这些无处不在的
核心资源，并以其作为改变的基石。这是一种自下而上的视角，人类
的进化至少有 260 万年是依靠工具驱动的。对于所有生活在这一巨大
时间跨度中的祖先来说，社会生活的内容始终都是个体形成利于自身
及其后代的成果。他们是在面对面接触的基础上完成这些变化的，其

中的成果也存在种种限制。这些成果都是由小规模的人口推行的，其中的衰减效应，正如史蒂夫·申南（Stephen Shennan）在其开拓性著作《基因、模因和人类历史》（*Genes, Memes and Human History*）中所述，存在于人们对新奇事物的接受度。在我们的课题中，这些问题由加里·朗西曼（Garry Runciman）在其著作《文化和自然选择理论》（*The Theory of Cultural and Natural Selection*）中有所阐述。

有一件事我们十分肯定。一种被称为"社会"的自上而下的建制从来就没有存在过。因此，在柴尔德所提出的概念上，考古学家根本就是无物可寻。相反，我们在本书中所探究的"社会"这一概念，要求我们用不同的方式去看待考古学证据：这是一场只关注洞悉社会脑运作方式的考试。柴尔德拒绝研究旧石器时代人类的社会组织，也不研究其他考古学家关注的缺乏直接证据的议题，对此，我们的回应非常简单：改变那个你理解为社会生活的模型，忘掉那个从未存在过的建制。回归将古人类的力量和才能相联结的纽带，以及能够改变他们的力量和才能的方法。打开那个社会性大脑，并探看其中的远古历史。

我们将会在那里发现的是约翰·格列特称之为古人类进化的"永恒三角"的问题。三角形的三个顶点分别为饮食调整、社会协作和翔实的环境知识。在这里，人类进化故事中的几个重要角色聚到了一起。

我们知道，相较于猿类近亲，早期人类需要在更大的范围内觅食，其原因就在于更加干旱和周期性变化的环境。石制工具的散落可以证明这一点（见图2-4）。

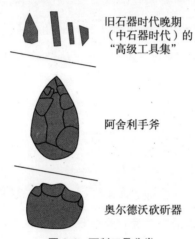

旧石器时代晚期
（中石器时代）的
"高级工具集"

阿舍利手斧

奥尔德沃砍斫器

图 2-4　石制工具分类

传统上，石制工具依照一个简单的梯级进行分类：砍斫器之后是手斧，然后便是旧石器时代晚期的"高级工具集"，而这些远非故事的全部。

但除了向外开拓以外，古人类还在努力想要借助自身的关系网络凝聚在一起，因为不论是为了相互支援还是分享知识，彼此都需要更好地沟通。换言之，更大的名义群体需要更多的食物，这就促使他们去占据更广阔的领地和活动范围。

作为露西课题的一部分，詹姆斯·斯蒂尔（James Steele）和克莱夫·甘伯尔研究了猿类和食肉动物的活动范围。同时，苏珊·安东

（Susan Anton）和她的同事跟随灵长目动物学家理查德·兰厄姆（Richard Wrangham）专门研究了猿类和人类在饮食结构上的差异。猿类的食谱包括水果、树叶和其他植物性食物。人类则在此基础上增加了肉类食物，且其量比也在不断增长，远远超出了黑猩猩的食肉数量。与我们已经提过的猿类较小的领土范围不同，在远离热带的地区，像一个100 人规模的直立人社群，其活动范围大概会有 500 平方公里。由此可见，更大的脑容量和社群对人类的饮食结构和土地的使用方式有重大影响。

250 万年间的沧海桑田

当其他猿类大脑与身体的比例仍旧停留在其祖辈的水平时，人类却进化出了发达的大脑。动物体重与脑重比的指数被称为脑化商数（Encephalization Quotient），简称“EQ”。它能够反映出古人类和现代人类大脑的超常增长。最终的结果是，人类的脑容量比料想中的还要大 3 倍。从考古学的研究中我们知道，人类的科技变得更加复杂了。格列特为这种演变绘制了图表，并将其与脑容量变化相比较（见图 2-5）。格列特在绘制图表时，考察了过去 260 万年间显在的概念特征的变化，这些概念特征就包含在石器、骨器和用火科技的演变中。

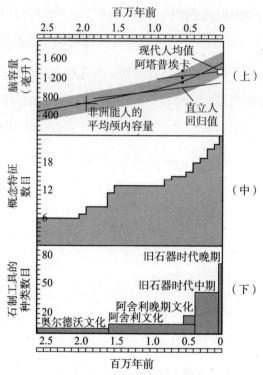

图 2-5　人类文化发展脉络

我们将它们放在了同一个时间标尺上。上：众所周知的脑容量增长。中：物质文化中新概念的引入，例如，剥制石器、制造骨器，以及使用火。下：各连续阶段中石制工具的种类数目。

我们已经知道，在人类进化的过程中，大脑和工具都发生了变化。社会脑促使我们去将重点重新转回到个体身上。个体利用物质、身体感官和化学奖赏系统这些基本资源，塑造了自己的社会生活。社群是首要的、个人的和小规模的，这一知识构成了我们理解远古社会的基础。在这里，我们将会研究不断增长的社群规模所带来的影响，接着，我们会思考，当人类开始分开生活时，都发生了什么。

如何构建社群和关系网络

在灵长目动物和现代人类中，社群规模和大脑新皮质体积大小之间密切相关。这一事实直接为我们提供了一种方法，使得我们能估计我们的化石祖先可能的社群规模。其中的逻辑非常简单。如果猴子和猿类的社群规模与脑容量相关，而现代人类也恰好落在了同一回归线上，那么，所有的古人类都必然位于这两点之间。当然，可能的例外是，我们的化石祖先有着完全不同的行为模式，他们并不符合适用于所有其他灵长目动物（包括人类）的一般模型。这种情况太不合情理，几乎不值得我们去认真考察。但即便如此，仍旧有一些人固执地宣称，我们无法对化石物种做出任何类似的假设。

一个简单的事实是：如果脑容量精准地预测了猴子、猿类以及人类的社群规模，那么它必然也能够预测所有已灭绝物种的社群规模，除非我们假定，古人类突然偏离了自己的进化路径，做了一些不属于灵长目动物行为模式的事情，接着又迅速地回归到原来的道路上，并及时地呈现出了现代人的生活方式。

尽管如此，某些审慎之举并非全然没有必要。这是因为社会脑方程（social brain）是以大脑新皮质而非整个脑部为基础的，更确切地说，是基于新皮质的额面部分，尤其是额叶。但是，我们只有化石物种的颅内容量数据，因为大脑本身在死亡后会很快腐烂，根本不会留存。只有颅骨变成了化石。现在，泛泛而言，在猴子和猿类中间，大脑新皮质占全脑体积的比例大致恒定，所以从大的范畴来说，社会脑方程并不存在严重的问题，即便它可能无法准确预测个别物种的社群规模。

事实上，以灵长目动物作为整体来看，全脑体积对社群规模的预测与大脑新皮质体积的预测大致相当。不过，也存在个别例外。大猩猩和红毛猩猩都恰巧有一个体积很大的小脑。小脑负责大脑不同部分之间的神经信息传递和协调，其中一个重要任务是管理身体不同部位的协调性。大猩猩和红毛猩猩体形巨大，要在树上操控它们巨大的身体是一项极为复杂的任务。这也难怪它们会有硕大的小脑了。它们的小脑占全脑体积的比例异乎寻常得高，而大脑新皮质相较于其他猴子和猿类而言则相对较小。利用全脑体积来预测它们各自的社群规模，结果会非常糟糕，但利用大脑新皮质体积则不会存在这一问题。所以，在预测个别物种时，我们的确需要非常谨慎，尤其是针对尼安德特人。

抱有这种谨慎的心态，我们开始估算祖先的社群规模。我们所利用的，当然也就是脑容量与社群规模之间的基本关系。如果一个物种生活在热带地区之外，我们就需要对纬度效应做出调节。因为这些物种的体形会更大，也正因为这些物种的体形更大，它们就需要一个更大的脑袋来掌控自己的身体。图 2-6 标明了我们所有祖先及其亲缘物种的社群规模，一直追溯到已知最早的人族动物，如露西及其同类。这些结果表明，最早的古人类南方古猿，只不过是打零工的类人猿。它们的社群规模与黑猩猩差不多，数量上限平均在 50 左右。一些独特的黑猩猩社群完全能够达到这一规模，现实中也确实有超过这一规模的社群，最大的黑猩猩社群至多会有 80～100 个个体，但这样的大社群是例外而非常规情况。随着规模的日益增大，黑猩猩社群也会逐渐走向动荡和分裂。正是这种动荡使得常规社群的规模维持在 50 名成员左右。

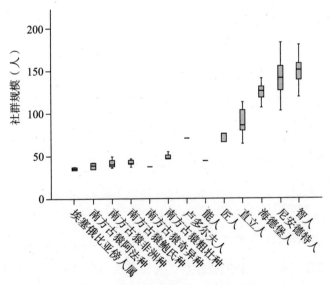

图 2-6 主要人族动物的平均社群规模

矩形盒表示 50% 的置信区间，延伸线表示 95% 的置信区间。

　　所有这些预测都没有将环境变化因素考虑在内。在人类进化的过程中，有很长一段时期全球气候都在趋向寒冷和干燥。100 万年前，这种周期性的气候变化导致北半球被大冰原覆盖，印度尼西亚辽阔的大陆架也暴露在外，形成巽他热带古大陆。此外，在那 260 万年的时间里，另一个我们已知的变化是，古人类从热带地区迁徙到欧洲北部和西伯利亚南部的高纬度地区。我们这一种系离开非洲大约是在 6 万年前，而古人类的开疆扩土要比这早许多。

　　现在，将长期的气候变化与人类定居北纬地区两个因素结合起来，你将会调得一杯烈性的环境因素"鸡尾酒"，这是你在利用社会脑预测社群规模时无法规避的。在面对面的接触中，你会尤其感受到这种影响的强烈性。如果食物资源堆得满满的，那么，你与社群中其他成员的日常互动就是可能的。这是 20 世纪 70 年代，罗宾·邓巴在埃塞俄比亚狮尾狒狒身上发现的行为模型，为此，邓巴还与狒狒一起度过了数月的潮湿时光。然而，如果食物供应变得分散，不同季节也产生了相应的周期性变化，可食用的动物和植物数量也开始下降，那么，古人类就会出现社交以及饮食方面的问题。

　　面对可预见的食物供应减少，原来的社群会分裂开来，群体间也会以分离取代融合。我们要注意，曾有那么一段时间，所有灵长目动物都会出现小规模的分离与融合。古人类必须解决如何在长期分离的情况下而又要保持紧密的社会联结的问题。当然，另外一个选项是启程前往土地更肥沃的地区。在许多情况下，这就是这些小种群适应变换食物资源的方法。还有一些种群只是简单地在当地灭绝了。

我们很难估算，这种强制的分离需要持续多长时间社会联结才会崩解。如果这些联结与抚养关系相关，那么，它们就能够通过再相识来修复。艾伦·加德纳（Allen Gardner）和比阿特丽克斯·加德纳（Beatrix Gardner）夫妇抚养了一只雌性黑猩猩沃肖（见图 2-7）。他们把它当作自己的孩子，还教会了沃肖手语。在分离了 20 年后，加德纳和沃肖重新聚到了一起，沃肖当时立刻

图 2-7　沃肖（左）

沃肖是最早的成长于人类家庭的黑猩猩，它还参与了语言学习。

就用手语比划他们的名字。正如珍妮·古道尔所指出的那样，这是沃肖对与之生活在一起的黑猩猩从未做过的事情。

在 20 世纪 60 年代的伦敦，两个年轻人从哈罗兹百货商店买了一头名叫克里斯琴的小狮崽，并在自己的公寓里喂养它，最终，这只狮

子因为长得太大而被送回非洲。几年之后，两个年轻人跑去看它。克里斯琴饱含热情的拥抱的确令人倍感温馨（见图 2-8），这一场面已经成为 YouTube 网站上的热点视频。克里斯琴当然记得两位前主人，正如他们也想念着它一样。这样的事情也并不是需要人类的参与才能发生。

图 2-8　克里斯琴拥抱旧主

　　克里斯琴记得他的前主人和照护者，他给了他们一个友好的狮子式拥抱。动物拥有记忆社会伙伴的能力——但在分离以后，它们会彼此思念，就像我们那样吗？

　　辛希亚·莫斯（Cynthia Moss）对野生非洲象进行了深入的研究。非洲象是一种高度社会化的动物。在分开一段时间后，非洲象的两个子群再次相遇会是什么情景呢？对此，莫斯讲述道："它们会一起奔跑、低鸣、长嚎、嘶吼；它们会抬起头，相互敲击长牙，盘卷起鼻子，拍打耳朵；它们会旋转然后冲撞彼此，小便和大便，基本上都是一些非常兴奋的行为。这样的问候有时会持续10分钟的时间。"莫斯相信，这些情绪化的问候仪式是为了保持和加强家族成员间的联结：这是一个范例，借助情绪充盈、形式复杂的问候仪式，增强社会性核心中的情感部分。

社会脑的关键问题，并不在于沃肖和克里斯琴能够记住人类照护者，并在长时间的分离后采取相应的举动，而在于它们是否曾在分开的那段时间里真正回忆起他们？当然，我们不能直接去询问动物，而设计方法来验证这一问题也非常棘手，类似于查明黑猩猩是否具有心智理论。

然而，我们认为，将我们与其他灵长目动物区分开来的是我们的一种能力，即在他人不在场时，我们可以承继一种仿似他人在场的社会生活。黑猩猩的社会生活发生在它的眼前，围绕着它的鼻子和耳朵。与此相反，人类可以在没有他人直接感觉注入的情况下，继续自己的社会生活。社会生活可以发生在我们的头脑里，我们的想象中。我们不断从自己的各类关系网络中回忆起他人。他们的照片存储在我们的手机里，他们的礼物摆放在我们的书架上，他们的话语萦绕在我们的记忆里。那些所谓的"他们"就是良心的絮絮低语，当我们想要占有不属于我们的东西，或者做一件会伤害到他们的事情时，良心就会告诉我们，有人在盯着我们。而当我们抱有这些想法时，他们可能并不会在我们的房间里，甚至是不在我们的城镇、国家或大陆上。

我们与我们自身承载着我们的社会生活。我们这样做是因为我们拥有心理化能力，心理化能力能够进行敏锐的社会推理，并给予我们一种心智理论。这允许我们去完成一些其他灵长目动物无法实现的事情：分居异地，却又保持联系。在人类的远古历史中，心理化能力是何时产生的，我们将在下一章给出答案。心理化能力的产生解放了我们为保持社会化而靠近他人的需求。我们将会证明，如果没有对社会性核心的物质部分的延展，心理化能力是不可能产生的。物质的延展使得自然的存在转变成了文化的存在。这种社会关系在时间和空间上的延伸，使得人类可以在人口稀疏、交流匮乏的地区生活。环境曾经限制了我们祖先居住的地方，即人类世界的存在之处。但因为心理化能力，这一情况不复存在了。

更大的脑和更大社群的优势

问题的核心是我们的社会生活促进了脑容量的增长。我们能够证明，人类的大脑变得更大了。我们还可以从考古学证据中看到，它与新概念的出现存在弱相关性。但是，我们需要解决的问题是哪些原因导致了这些变化，如何才能组织证据对各种理论做出验证。

发达的大脑代价高昂，因为神经物质的生长和维持耗费巨大。这主要是因为个体要始终保持神经元处于发射就绪状态。这个过程包括：将神经活动的残余清除出系统，产生新的神经递质，以确保神经元再次产生神经冲动；保持电荷借由"钠泵"①穿过神经细胞膜。维持神经细胞就绪状态的成本大概是肌肉活动的 10 倍，而产生神经冲动的花费更是非常高。这样的成本也意味着，如果我们能够获得高品质的食物，那么大脑就能够以最佳状态工作。

黑猩猩的食谱主要由树叶、枝条、水果、少量的坚果以及猴子组成，而在古人类的食谱中，动物蛋白的占比始终在增长，这样的转变也代表了饮食质量的提高。因为脑容量越来越大，所以我们对肉食的偏好性也越来越强。脑容量的增大是以另一个消耗巨大的组织萎缩为代价的，也就是胃肠道的萎缩。莱斯利·艾

① 钠泵使钠离子处于细胞膜的外侧，从而维持细胞膜内外侧的电位差。当神经元产生神经冲动时，细胞膜上的钠通道打开，钠离子内流，导致神经元电荷量的变化。随着钠通道依次打开，电荷向下传导，产生电流。电流会传递到神经元的末端，连接并激活下一个神经元。

洛（Leslie Aiello）和彼得·惠勒（Peter Wheeler）精妙地指出，为维持身体基础代谢率的平衡，人类必须做出取舍。脑容量在增大，胃囊却在收缩。后果就是胃肠道的消化能力削弱。灵长目动物学家理查德·兰厄姆在其著作《生火：烹饪成就人类》（*Catching Fire: How Cooking Made Us Human*）中指出，人类对此的解决之道就是烹饪食物，这就像人类多了一个外在的胃。烹饪破坏了食物结构，使食物更容易消化。

所有这些有关神经系统高昂成本的讨论都意味着，如果某个物种选择了增加脑组织数量，那么它必然有非常充分的理由。但是，不断增大的脑容量究竟给予古人类以及现代人类什么样的好处呢？

我们发现，社群规模的增大主要能带来两种优势，一是安全，二是安心。这两种优势超过了个体为进化出更发达的大脑而付出的巨大代价。发达的大脑使得个体能够承载更大的记忆负荷，并依循与他人相关的社会信息而行动。

1. 抵御天敌，防范他人

对灵长目动物来说，生活在庞大社群中的好处是显而易见的，那就是抵御天敌。有些灵长目动物，如狒狒，生活在易被捕食的栖息环境中，它们的社群就比生活在低风险栖息地的灵长目动物更大。然而，这并不能解释我们的祖先对庞大社群的衷情。猿类更大的体形和强大的上肢力量消减了它们被捕食的风险。

　　朱莉娅·莱曼创建了猿类地理分布模型，对这个模型的研究也是露西课题的一部分。我们从该模型中得知，黑猩猩不会生活在狮子和豹子同时出没的地区：它们只能应对这些凶猛的食肉动物的其中一种，非此即彼。事实上，即便是大猩猩这样的猿类也会偶尔因猝不及防而被花豹捕食。非洲猿类庞大的体形，固然降低了它们被捕食的风险，但这种风险并没有被完全消除。其中的主要原因在于，猿类群体中也有年幼者，其他类人猿需要分心对其进行照顾。然而，我们想要强调的重点是，人类和黑猩猩一样，抵御天敌的问题是在觅食小组的水平上解决的，与社群无关。

　　在黑猩猩中，与抵御天敌相对应的组织层级是觅食小组，通常有3～5名成员；而在人类群体中，这个组织要么是过夜营组，包括30～50名成员，要么是觅食小组，包括5～15名成员。人类在肉食动物面前更显脆弱，尤其是在夜晚。原因有两点。其一，人类的栖息地相较于其他类人猿来说要更加开阔，所以在遭受攻击时，人类更难逃入树林中；其二，人类根本不具备猿类的攀爬能力。因此，相较于猿类而言，人类需要组建更大的群体来保护自己。即便如此，我们所谈论的仍旧不是由150人组建起的完整社群，因为社群的全体成员很少会在同一时间出现在同一地点。

　　那么，为什么人类需要更大的、社群层级的组织呢？似乎存在两种可能性使得社群在抵御威胁上具备了重要意义。第一种可能的原因是守卫某种领土资源的需要。这一点来自黑猩猩的启发。雄性黑猩猩会捍卫一片领地，有了这片领地，它们就可以独占领地范围内的雌性黑猩猩个体，进而抚育后代。这是"基于领地资源的一夫多妻制"。这样的体系在灵长目动物中很常见。雄性个体捍卫领地，并独占领地内的雌性群组或各自拥有小领地的全部雌性个体。唯一的差别在于，大多数灵长目动物是单独的雄性个体在保卫领地，而在黑猩猩中，雄性个体会结合成群组一起保卫领地，并共享它们所垄断的雌性资源，而这些雄性个体通常是嫡亲兄弟。

一些现代狩猎－采集者社群似乎就是这种类型，但其实不然，原因有两点。其一，狩猎－采集者并不会像猴子和猿类那样，对自己的领地严加防范，这可能是因为狩猎－采集者的领地太过辽阔。其二，狩猎－采集者社群捍卫领地的行为，更多的是与领地内的资源有关，特别是与生态文学中称之为"基石资源"的资源有关。这是一种纵使失去一切，也要竭力捍卫的资源。对许多狩猎－采集者来说，它往往就是永久性水源。卡拉哈里沙漠和澳大利亚沙漠发生的事情就是如此。然而，鉴于最早期的古人类脱身于类人猿的生存环境，我们可以做出一个合乎情理的假设：早期的南方古猿，其社会性与非洲类人猿的品性并无太大差异。男性群体占据公共领地，垄断此一区域内的女性资源。

人类需要组建庞大社群的第二种可能的原因是，塑造了猴子和猿类的社会性的传统捕食者，已经被另一种更加棘手难缠的捕食者所取代，也就是其他人类所取代。这是言之成理的。危险完全有可能来自我们的同类，黑猩猩种群中发生的故事就是活生生的例子。雄性黑猩猩群组会定期巡视它们的领土边界，并故意杀害发现的陌生闯入者。尽管突袭其他社群领地的情况时有发生，但这些巡查者似乎主要是为了找出雄性入侵者，而非占有雌性资源或其他经济资源，就像它们在人类社会中所做的那样。

不管怎样，这一理论解释了为什么人类在进化过程中需要组建社群水平的组织。然而，这一理论同时也意味着，古人类的人口密度在其进化史上的大多数时期都很特别。要了解旧石器时代的人口密度并不容易，但生活在森林或开阔草原的古人类似乎并不可能始终保持非常高的人口密度。这尤其是因为如今存在于这些栖息地的狩猎－采集者群体，都不得不生活在低人口密度的广阔区域。因此，以第二个可能性来解释早期人属的社会进化似乎并不可信。"基石资源"的说法成为更好的解释。基石资源包括高品质的食物，这样的食物能够为受孕的女性提供营养，保证婴儿的良好发育。由于脑容量更大，人类的婴儿生来更加无助，需要照料的时间也变得更加漫长。

2.食物溢价：合作和保障

动物都有迁徙的习性，把它们作为食物，异常困难。动物的季节性迁移变幻莫测，猎杀动物的活动常常也都充满危险。然而，一旦得手，成功的猎人就有了可以馈赠给他人的多余食物。通过分享这些优质食物，社群成员可以增强彼此间的社会联结。理查德·兰厄姆强调了食物对促进灵长目动物相互合作的重要性，他将其称为食物的"衍生价值"或"溢价"。食物是女性渴求的资源，因为有了这些资源，她们的后代才更有可能存活到生殖年龄。

考古学家对这一见解进行了跟踪研究，并探索了旧石器时代社群所能够获取和利用的食物序列，包括植物以及动物。他们借鉴大量的生物学研究，围绕最优觅食理论详尽阐述了一系列原则。在这些研究中，考古学家依据食物资源在环境中的大小、重量和密度等属性，对其进行了排序。这种排序的理论基础是：来自食物、以卡路里度量的能量，就像流通货币一样，可以依据理性的经济学原理来理解。例如，价格取决于供需关系。这样，我们就构建了一个模型，可以弄清楚在一年之中的不同时期，人类的最佳选择是什么，应该留在什么样的环境中，多少人一起生活，要留在那里多久。这些不仅改变了我们对考古遗址的动植物遗迹的研究态度，还转变了我们对狩猎和采集活动的理解。行为不应该漫无目的，只有竭尽全力去抓住一切机会才能生存。由此，古人类应对环境挑战的行为，变成了一场理性的博弈。

这有助于提高狩猎者和采集者的研究地位，同时也驳斥了柴尔德对狩猎－采集者能力的消极评价。但它也有负面的影响，好似在告诉人们，所有的行为都可以简化为以食物为中心的选择。食物当然是极为重要的，高效而安全地获取食物也必然会主导古人类的生活。考古学家里斯·琼斯（Rhys Jones）曾经和澳大利亚北部的土著居民一起生活过一段时间，他告诉我们，这些狩猎者和采集者常常一天 24 小时都不会为饥饿所困。

但对我们而言，理解食物意义的关键在于它与社会合作的关系。这种关系有两种形式。第一是合作的战略需求。为了确保安全和提高成功率，古人类在狩猎和采集时，相关的觅食小组必须合作无间。这既包括抵御天敌，也包括获取食物以供养消耗巨大的大脑。第二是为境遇不济的时刻做战略准备。在这些时刻，个体需要向自身所属社群之外的团体求助。相较于对所有闯入者都严加防范，禁止他们接近自己的资源，更好的办法是允许其他人参与分享。通过将广阔地理区域内的个体以及个体的社群联结起来，一种生态保障也就此建立。

考古学家将此称为"社会仓储"：使用凭证在境遇糟糕时换取食物，反之亦然。换言之，如果你们所狩猎的区域不幸条件恶化，那么，我们将会允许你们的社群暂时进入我们的狩猎区，分享我们的资源。之后若是发生了相反的情况，那么你们可以凭借相同的方式回报我们。这样的一个系统能够运转得非常良好，但是它要求该社群必须拥有足够大的领地，可以覆盖广阔的栖息环境。如果该社群的领地很狭小，所包含的也都是同一类型的栖息地，那么这个系统就无法很好地运转起来。大约在 200 万年前，随着人属动物的体形愈发适应阔步向前的运动，游牧风格的生活也开始在他们身上显现，这似乎也让我们的理论更加可信了。

根据课题成员马特·格罗夫（Matt Grove）的计算，在热带非洲，一个 80～100 人的匠人社群将会占据 130 平方公里的领地。这可能已经足够保证始终有一部分区域拥有社群所需的资源了。然而，由于气候演变和季节周期的问题，向北扩张的古人类必须与其他社群保持合作关系以保障自身安全。这一需求也主导了他们的行为。

我们在本章中所谈论的内容，是源自社会脑相关理论的启发。这一视角促使我们以不同的方式来思考远古历史中社会生活的意义。已经有各种各样的理论对此进行了阐释，而我们也将能够利用考古证据来验证这种种阐释。我们很快便会着手进行这些工作。特别是，我们对需要展开研究的范围，对物质和感官之于古人类社会生活的重要性，已经有了很好的判断。我们甚至开始思考，是哪一种的选择压力驱动了这一进程，可能是捕猎、防御、合作和互相保护吗？

然而，作为考古学家，我们认识到，必须重视个体与物质和感觉体验这两个社会核心之间的关系。我们需要转变视角，观察食物和其他物质在构建人际关系上的重要性，而非仅仅是考虑食物满足热量需求的功能。我们也不应该把焦点放在解释为什么古人类猎杀野牛而非驯鹿，或者为什么不吃鱼。对人类历史的考古学解释，既应该是社会互动的（社会性），也应该是合乎理性的（经济性）。社会生活并不单单建立在卡路里之上，还需要人际关系来建构，这种人际关系就显现于物品制作、交换、使用以及保存的过程之中。这些正是我们将会在下一章中讲述的内容。

PART 2

大局观的进化过程

THINKING BIG

THINKING BIG

HOW THE EVOLUTION OF SOCIAL
LIFE SHAPED THE HUMAN MIND

03

脑力有限的
祖先

我们折服于科技的魅力，
痴迷于它给我们带来的额外动力。

- 社会结构的 3 项重大变革: 1. 女性排卵期隐秘化; 2. 对偶相系; 3. 食物携带。

- 科技从一开始就是"社会嵌入式"的，科技既是社交的工具，又是为社交发明的工具。

- 工具的意义：许多物种都找到了利用超出身体之外的东西来与这个世界斡旋的方法，它们利用一些外部材料来作用于某物，这就是工具的全部含义。

在社会脑理论中，我们做出了一个铿锵有力的假设：社会生活驱动了脑容量的增长。然而，我们该将它应用到人类进化的哪一时期？我们又该如何来验证它？有些假说可以通过一个单一的实验来验证：例如，不同重量的物体以相同的速率下降。我们关于社会脑理论的问题在于，它的核心思想横亘在数百万年的历史上，一切只取决于我们选择从何处开始讲述故事。影响这一历史走向的因素纷繁复杂，它们相互作用的方式也并不能为我们所充分理解。正如考古学家伊恩·霍德（Ian Hodder）曾经指出的那样，当我们只有极少的资料分布点时，通常不会只有一个模型适用于它们。资料愈是匮乏，我们愈是难以在不同的备选项间做出甄别。我们无法直接肯定或否定一种可能性：这是远古历史研究的魅力所在，也是让我们深感挫败之处。

可以说，社会脑理论直接关系到故事的开始。相较于猴子，类人猿拥有更大的脑容量，也有着更为复杂的社会生活。关于这一点，弗兰斯·德瓦尔（Frans de Waal）在其著作《黑猩猩政治学》（*Chimpanzee*

Politics）中有着极为精彩的描述。此书中，德瓦尔所描绘的猿类使用的狡诈计谋，与马基雅维利给予君主的劝谏无异。如此看来，所有今天的类人猿以及它们的祖先，作为复杂的社会存在已经有 2000 万年的历史了。而最早的人族动物所承袭的，也正是这一社会性遗产。

在漫长的时间跨度里，作为历史标示的化石却极为贫乏（见图 3-1）。此外，在埃塞俄比亚贡纳发现的 260 万年前的石制工具，是目前考古学界公认的最早的石器了。

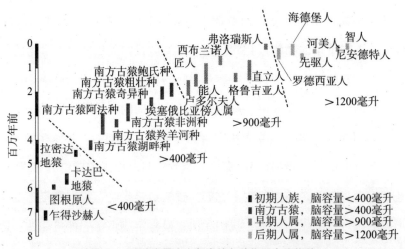

图 3-1　以脑容量大小归类的各种化石人族物种

　　来自印度尼西亚的弗洛瑞斯人是小脑容量的晚期化石，它与人族进化的普遍趋势相背离。其矮小的身材最有可能是因为经历了"岛屿侏儒化"的生物变化过程，根源就在于天敌的缺失。

然而，我们仍然可以利用社会脑理论，将年代史的蛋糕切成易食用的薄片。我们依据脑容量的大小在蛋糕上比画，因为脑容量完全可以根据颅骨化石相对精确地估算出来。我们提议采用以下的简单三分法：

● 脑容量小于 400 毫升的现存猿类和化石人族动物。

● 脑容量为 400～900 毫升的化石人族动物。

● 脑容量大于 900 毫升的人族动物和所有现存人类。

本章中，我们将会着眼于前两个类别，在后面的章节返回到拥有发达大脑的古人类和人类这一类别。表 3-1 所示的是三个类别下的社群规模估计值，由社会脑方程推导得出。

表 3-1 不同人族动物的脑容量、社群规模以及可能的社交互动时间

脑容量（毫升）	社群大小估值（人）	社会性梳毛占白昼时间的比例（%）
小于 400（地猿属、黑猩猩属）	30～50	8～12
400～900（纤细型南方古猿和粗壮型南方古猿）	60～100	13～30
大于 900（早期和后期人属）	100～150	30～40

表 3-1 中还显示了花费在所有社会联结上的指尖梳毛估算时间。这些直接指明了拥有更多合作伙伴的庞大社群对一位古人类的每日活动时间表造成的影响：一天之中，个体花费在社会性梳毛上的时间比例令人难以置信。

如果要研究人类的进化过程，我们就要以 700 万年前为开端。这

一时间跨度，开始于人类和黑猩猩的祖先在分子水平上分离开来。在最初的 500 万年里，我们的祖先本质上是正在学习直立行走的猿类。它们的脑容量仍旧与猿类处在同一水平，我们可以将它们的历史概括为"从猿到南方古猿"。在之后的 200 万年里，更大的脑容量成为醒目的标识，我们将这段历史概括为"从人族到人类"。在人类远古历史的第二阶段，社会脑的角色将会成为我们叙述的核心，因为当时人类的脑容量正在迅速增长。而在远古历史初期，因为增长率非常之细微，所以这一增长并不明显。然而，我们正在寻找一些基本原理，它们将会证明：这两个历史阶段相结合所构成的，正是社交驱动演变的连续统一体。

地猿的初级社交

人类在这一阶段的进化，覆盖了表 0-2（第 35 页）中的前两个步骤。遗存的化石告诉我们，中新世时期猿类的分布广泛而深远。当时的气候非常温暖，森林也延伸到了旧大陆的大部分地区。非洲西南部、非洲东部、希腊、意大利、巴基斯坦和印度尼西亚，这些地方都有猿类的踪迹。在某段时期，随着大陆的漂移和温度的下降，地球环境开始变化，这种变化有时可能非常剧烈。在 700 万年前的墨西拿期，非洲板块撞到了亚洲板块，由于碰撞处陆地大规模重塑其边缘，地中海曾三次干涸。动物们来回迁徙，古马进入非洲，与之相伴的还有能够喂饱它们的禾本科植物。在这动荡环境的某处，人族动物开始了悄然进化。

为了追踪这一进化过程，古人类学家不得不回溯人类历史。我们最初开启自己的事业时，只有200万年的历史记录被归档，除此之外的事件，都处于混沌无知的状态。只有少数的发现标示出了更早前便长期存在的猿类，例如来自肯尼亚鲁辛加岛的化石。根据估算，人类是在距今1500万～500万年前背离了猿类的发展路径。如今这个更加翔实的人类故事，是由遗传学证据和大量的新发现所塑造的。之后的社会演变的基础理论都深植于这一故事之中。

人类和黑猩猩的最后一位共同祖先生活在大约700万年前。从那个时刻起，人族开始和自己的猿类表亲分道扬镳，原因可能是人族在地理上被隔绝在一个更加干燥和季节性更强的环境里。最早的蛛丝马迹发现于非洲的东部和中部。其中最古老的化石是一个名叫乍得沙赫人的生物，它被发现于乍得。人们原本猜测，是东非大裂谷的某种独特因素推动了人族的进化。然而，乍得沙赫人的存在使这一思想遭到挑战，因为它生活在东非大裂谷以西数千公里处，可能邻近于一个之后便干涸的大湖。所有关于乍得沙赫人的知识均来自它的颅骨，但这已经足够为我们提供大量有用的信息了。

乍得沙赫人与猿类更加相像，它的颅骨与黑猩猩非常接近。不过，它已经显现出了标定人族界限的关键特征。在它的颅骨处，那个将神经与脊柱相连的枕骨大孔已经从猿的位置旋转，这意味着乍得沙赫人更加习惯于直立行走。它的牙齿也表现出一些变化，犬齿有了退化的迹象，这同样是后期人族动物的标志。

　　并不是所有人都承认乍得沙赫人是一个真正的人族动物，又有一个类似生物的遗骸被发现于肯尼亚图根山，它的名字叫作图根原人。图根原人的发现者马丁·匹克福特（Martin Pickford）和布瑞吉特·森努特（Brigitte Senut）将图根原人视为后来所有人类的始祖。图根原人的颅骨并没有留存下来，但它的股骨和大腿骨能够很好地表明，这个动物是直立行走的。

　　在埃塞俄比亚发现的拉密达地猿化石，呈现出了人族动物更为完整的风貌。我们通常将这只地猿称为"阿迪"（Ardi）。在超过20年的时间里，一支美国和埃塞俄比亚的联合考察队寻获了大量的地猿化石。这些化石几乎囊括了地猿的大部分骨架，包括颅骨。地猿骨骸的复原是一项极为惊人的成就。在这些发现中，有一位成年女性的骨架近乎完整，它就是阿迪。阿迪生活在440万年前，身高1.2米，有一个325毫升容量的大脑。它的一位发现者蒂姆·怀特相信，地猿始祖种是"人族起源"，而乍得沙赫人和图根原人要么与地猿亲缘关系密切，要么与它处在同一谱系上。

大量的哺乳动物化石让我们对地猿的生活环境有了一定的了解。最初，令许多研究员感到惊奇的是，地猿的生活环境既不是热带森林也不是大草原，而是茂密林地与随处可见的开阔地的结合体。食谱证据表明，地猿是杂食性动物，它们不会吃特别硬的食物，同样也不食用草原上的种子、根和动物。这是另外一项重大发现，因为多年来研究者始终认为，正是这些资源诱使人族踏上了独特的进化路径。研究牙齿磨损和牙齿同位素的古人类学家已经证明，在地猿之后的300万～200万年前，人族对草原上的植物和动物资源的食用量才开始出现急剧增长。

我们其实是以一个难题为开端的，当最早的人族动物仍旧只有很小的脑容量时，它们如何能被称为人族动物呢？我们对此问题的完整解答位于本节的末尾，然而，对阿迪这样的化石物种来说，直接的回答似乎是它们根本没有选择。要进化出发达而又消耗巨大的大脑并不容易，它需要长期处在巨大的选择压力之下。阿迪较小的脑容量促使我们将它的社群规模划定在了50名成员左右，这与黑猩猩的社群数量相当。后者的脑容量要稍微大上一些，不过仍旧处在400毫升的临界值之下。作为阿迪的社会生活的基本组成，指尖梳毛和近乎每日的接触互动看起来是完全合乎情理的。所有这些社交活动都可以在15%的白昼时间内完成，这就给它们留下了大量的时间来觅食、进食、游历以及爬上树木躲避花豹等天敌。

关于社会脑的进化，阿迪还能告诉我们些什么呢？首先一点是，阿迪与猿非常相像，但完全不是黑猩猩的样子。如果阿迪真的是人族始祖，那么，这意味着现代非洲猿类已经在诸多方面踏上了自己的进化路径，而我们也需要重新评估黑猩猩作为最后的共同祖先模型的适应性。怀特和他的同事相信，阿迪的身体特征要更加接近人族祖先。遗存下来的化石已经足以表明，这些人族动物是直立行走的，或者说是双足动物，至少大部分时间是如此。这次的证据是多种多样的，包括身体的各个部分。它们的骨盆相较于猿类已经明显缩短，且更似盆状；双脚更像是脚而非手，但是叉开的大脚趾仍旧能够在攀爬时抓握。手臂还很长，但拇指已经能够与其他四指对合。头部没有巨大的剪切门齿和犬齿，显著增厚的磨牙釉质表明了咀嚼的重要性。

这些特征共同指向了一个新的适应性，但这个新适应性并不需要一个更发达的大脑。某种程度而言，这些最早的人族动物似乎已经进化出了一个新的社群平台，而我们之后的进化也都是以此为出发点的。在参与评述地猿之前，美国古人类学家欧文·洛夫乔伊（Owen Lovejoy）就已经研究起了这些早期人类的进化问题。他和他的同事十分重视早期双足动物的出现，以及人族动物牙齿的演变。他们认为，一种新的社会复杂性出现在陆地上，其中男性之间的合作更加频繁，并开始为女性提供食物。

洛夫乔伊在其 1981 年发表的经典论文中指出，猿类的身上存在着一个繁殖陷阱，那就是每个婴儿都高度依赖母亲，这使得母猿的生殖间隔达到了数年的时间，而在红毛猩猩中，这段时间间隔高达 8 年。伴随直立行走出现的还有社群的分裂与融合，婴儿提早断奶并被交予父母的同胞兄妹抚养，或是交给其他的成年人照顾，包括祖父母。洛夫乔伊及其同事认为，地猿的发现有力地表明了社会结构的三项重大变革——女性排卵期的隐秘化、对偶相系以及食物携带。不幸的是，尽管第一点女性排卵期的隐秘化在人族进化史上具有无可争议的重要性，然而，我们却没有解剖学或考古学的证据来证实它。隐藏排卵期极有可能就是"开端的结束"，那是进化史上的一个时间节点，在这个时间节点上，阿迪是人族的最佳代表。

然而，第二点对偶相系的说法并没有得到来自手指比率等相关证据的支持，这一点我们已经论述过了。露西课题的参与者证实：地猿是极度倾向于一夫多妻制的。大猩猩的社会结构也许能为我们提供一个模型：一只超大型银背大猩猩监管着一群体形更小的雌猩猩和他们的后代。南方古猿阿法种很可能就处于与此类似的状态，它们的雌性个体和雄性个体之间存在着较大的体形差异。

第三点食物携带似乎是合乎情理的。移动能力、上半身体形、牙齿和两性异形化（男性和女性之间的体形差异）等改变，可能就是全新的地面生活的结果。地面生活还刺激了一些相关联的社会性因子的改变。其中的一点就是年幼的后代变得极度脆弱，需要更多的照料。要满足哺育和觅食的双重要求，对女性来说是一个巨大的挑战。因此，如果女性能够从上一代人那里获取帮助，那么其中的繁殖收益将会非常巨大。这一观点得到了人类学家吉姆·奥康内尔（Jim O'Connell）、克里斯汀·霍克斯（Kirsten Hawkes）以及莱斯利·艾洛的支持。他们特别强调了已经超过生殖年龄的女性的重要性。

狭隘的达尔文主义者会对这些"年老者"嗤之以鼻——如果她们已经无法生育，那么她们对群体而言就是无价值的。但作为祖母或外祖母，她们的确扮演了至关重要的角色。她们是儿童的看护者，这提高了她们女儿的生殖适应性，因为只有更多投资和保护才能确保儿童的生存。儿童持续增大的大脑，导致他们的婴儿依赖期更加漫长，这就提高了我们祖先的儿童看护溢价。例如，母亲现在可以去寻找食物，并将自己的孩子留给（外）祖母照看。（外）祖母开始受到赞美，不再被视为负累。优待长寿者同时也意味着社群增大，因为三代同堂的社会结构成为新的规范。反过来，这可能也意味着更多的人因为家庭纽带而想要生活在同一个地方，保持良好的联系。社群的分裂和融合因此也承受了更大的压力。

现在，让我们后退一步，弄清楚这些早期祖先可以为社会脑理论提供哪些洞见。它们并不是人类，但它们却是我们的故事的第一幕。它们身处通往人性的道路之上，但是我们并不清楚它们的具体路线是怎样的。我们首先必须将它们视为它们自身，谨记它们只不过是脱身于猿类，并做出了重大适应性转变的生物。是什么驱动了这种转变呢？起初，研究者认为这些生物是"干燥国度的猿类"——即适应了苛刻环境的猿类。在干燥国度里，经常性的降雨、水果和植物的供应都无法得到保证。如今的类人猿都生活在热带雨林里，主要食用水果和柔软的香草，它们的生活方式取决于一年之中这些食物的供应情况。黑猩猩、大猩猩以及红毛猩猩的生活方式虽然有些微差异，但这种模式是共通的。这种生活模式似乎由来已久，可以追溯至数百万年以前。但在一些边缘地带，这种生活模式却很容易走向崩溃，有些时候，猿类根本无法获取足够的食物。

那些生活在干燥环境中的早期人族，根本没有机会在旱季里获取传统的猿类食物资源。灵长目动物学家理查德·兰厄姆的观点令人信服：这些生物必须寻找新的食物来源。黑猩猩食谱中的附加类别向我们暗示了相关的可能性——蜂蜜、昆虫和肉类。块根和块茎显然是取代水果中糖类的另外一个选项，但这些都需要新的适应性，例如挖掘工具，而且这些食物更加难以消化。这些新资源四散分离、错落不均，它们可能处在地面的不同高度上，也可能位于地下。直立行走也许就是四处移动并采集新食物的最佳折中方案。尽管我们是在逐个思考这些因素，但它们累加起来却能构成一个错综复杂的新生活。阿迪这样的人族动物与猿类的首要差别，便在于它们的移动能力和牙齿，因为这些是它们在这个世界求取生存的主要工具。然而，心智和大脑可能也在严酷的环境下产生了微妙的变化，尤其是在因气候的长期干旱而食物匮乏时。

露西课题成员所做的研究证实，大多数动物对温度、降雨和资源变化有着高度的敏感性。这种"社会生态学"可以用公式和示意图来说明，它也体现了自然选择的力量，以生存为根本，促成迅疾的演变。在过去 700 万年的时间里，人族动物的进化速度远远超过了猿类，从这一点我们可以推断出，人族的确承受了更大的选择压力。

牙齿为我们提供了一个有力的线索，变化并非逐个产生，而是在行为组的基础上演进，其中还会有取舍。阿迪之后，所有人族动物都获得了巨大的咀嚼齿，但有趣的是，门齿的退化已经发生了。从古至今，猿类的大犬齿都是稳稳地嵌在嘴角处，用于撕咬、扯裂食物，并吸引异性。雄性猿类的犬齿远大于雌性，由此可知，犬齿并不仅仅是用于求取生存。

人族动物摒弃这一性魅力特征的行为，暗示着它们在经受一次重大的转变。地猿和乍得沙赫人的特征向我们表明，这种变化发生得很早。在地猿种群中，两性之间牙齿上的形态差异已经消失。也许是食谱上的变化使得咀嚼功能开始由口腔内里的牙齿承担，此外，在双足站立时，如果没有这些凸出物的坠压，头部的平衡也就更容易掌控。然而，舍弃猿式犬齿这种攻击及防御的武器，必然意味着行为方式上的重大变化。犬齿的萎缩是奠基性的。在物种间，它意味着雄性人族无法再依靠牙齿来驱退或攻击敌人——现在，它们必须使用其他武器来应对和捕杀猎物了。在阿迪这样的物种内部，犬齿萎缩夺走了个体间、两性间的一个重要标识。除吸血鬼电影外，人类不会像猿类和食肉动物那样使用自己的上犬齿。人类的犬齿更没有那种"瞧我多神气"的功能。

人类进化的最古老观念之一就是：直立行走带来了双手解放，使得人类得以手持棍棒和其他武器，携带食物。如果真是如此，牙齿武器及其威慑力量就转移到手持武器上了。尽管已经能够直立行走，但如果地猿仍旧是习惯性的爬行者，正如它的肩部、手部和脚部关节所显示的那样，那么，它可能并不常常"手持利器"。地猿原本是依靠爬行来觅食或躲避天敌的，但在某个时间点上，这些脑力有限的猿类却不得不承担起某种变化，从树上跳到地上。地猿必然就身处于这种变化的风口浪尖之上。这就是为什么我们称阿迪为人族，尽管它那与猿类同样容量的大脑留给了我们太多的困惑。

从本质上说，我们认为日常任务从牙齿到双手的转换，集中体现在个体间的相互作用上，且有着深远的社会影响。从考古学的角度来看，最为重要的是，我们认为科技从一开始就基本是社会嵌入式的，也就是说，科技既是社交的工具，又是为社交而发明的工具。

南方古猿的工作与生活

南方古猿是一支非常成功的种群，这一点我们完全可以确定。它们的大脑更发达，足迹遍布整个非洲。它们的成功同样表现在许多新物种的产生上——这种现象被称为适应性辐射（adaptive radiation）。适应性辐射并没有海洋哺乳动物辐射或是旧大陆猴的辐射那样蔚为壮观，但也的确造就了大量新物种。

科学家没有再将地猿问题置于其以往的定位——一种黑猩猩模样的最后的共同祖先，通过南方古猿这一"过渡阶段"转变为人类。相反，科学家认为南方古猿应该被视为凭借自身能力，独立适应环境的结果。平滑过渡的问题在于，南方古猿承继地猿的速度太过迅猛了：怀特和洛夫乔伊都相信，南方古猿后肢的进化其实是非常迅速的。另一种观点是，地猿其实是一类南方古猿的姊妹种，后者在直立行走上要更加彻底。不论事实如何，南方古猿最晚是在400万年前开始崭露头角的，那就是科学家在肯尼亚北部发现的南方古猿湖畔种。

我们发现，大约在300万年前，南方古猿自非洲最南端向北到达了埃塞俄比亚，向西至少抵达乍得。就最简单的分析来看，南方古猿仍旧是一群直立行走的猿类。我们只有极少的证据能够证明它们会使用复杂的工具。它们在许多方面都与猿类相似——臼齿巨大、臂长、锥形胸部。这些特征以及它们长而弯曲的指骨表明，许多南方古猿可能仍旧会花费一段时间在树上度过。但是，南方古猿也有一个相当关键的适应性转变：后肢已经失去了抓握的功能，并且完全适应了地面行走的需要。其中最直接的证据来自坦桑尼亚利特里的脚印行迹（见图 3-2 和图 3-3 ）。这些名噪一时的脚印表明，350 多万年以前，曾有一小群人族动物从这里路过。

图 3-2 玛丽·利基在清理利特里的沉积物

玛丽·利基是 20 世纪最杰出的旧石器考古学家之一。

图 3-3　利特里化石行迹

　　这些行迹可以追溯到 350 万年至 380 万年前。当时，两位成年人和一位少年不慌不忙地穿过平原，一层薄薄的火山灰覆盖了他们的脚印。火山灰来自附近的萨迪曼火山。

从社会脑理论的角度来看，南方古猿是第一批脑容量超过400毫升阈限的人族动物。低于这一阈值的是阿迪、乍得沙赫人以及所有现存的类人猿和猴子。大猩猩的脑容量的确超过了400毫升，但正如我们在前一章所讲述的那样，这很大程度上是因为大猩猩后脑硕大的缘故，这是为了协调庞大的身躯而进化出来的适应性特征。

南方古猿存在许多"纤细型"，包括南方古猿湖畔种、南方古猿非洲种、南方古猿阿法种、南方古猿奇异种和南方古猿源泉种。此外，南方古猿还有以巨大颌骨为特征的粗壮谱系，包括南方古猿粗壮种、南方古猿鲍氏种以及埃塞俄比亚傍人属。各个物种的脑容量也互不相同，但顶尖古人类学家伯纳德·伍德（Bernard Wood）已经证明，南方古猿的脑容量处在450～570毫升之间。根据我们的公式，这意味着南方古猿的社群规模在60～80之间。这反过来对白昼时间的安排造成了影响，因为在这个更大的社群中，个体需要花费约20%的白昼时间用于社交活动。

在南方古猿身上，我们所有的社会性问题又再次出现。除利特里的脚印外，我们还在埃塞俄比亚哈达尔找到了关于社群组织的进一步证据。虽然犬齿已经不再是性别差异的标识，但我们完全可以肯定，雄性和雌性之间的体形差异仍旧巨大。南方古猿阿法种的典型标本露西有一米多高，然而，来自埃塞俄比亚哈达尔同一区域的男性标本却体格健壮，其大小与雄性黑猩猩相近。这是我们最主要的证据，它能够表明，相较于现代人类，南方古猿的社交生活更加接近于猿类。灵长目动物的比较研究表明，由大体形雄性和小体形雌性组建起的社会，其交配体系也大都是垄断性的一夫多妻制。大猩猩为我们提供了一个范例：社会团体通常由一名成年雄性银背大猩猩与一群雌性大猩猩以及一群幼年大猩猩组成。等到成年后，雄性大猩猩必须离开银背大猩猩的领地，最终，它们可能成功组建起自己的新团体。生活在社群之中是一种奢侈的享受。

如果南方古猿不再栖身树上，那么，它们必然容易遭受大型陆生食肉动物的伤害，尤其是大型猫科动物和巨鬣狗的威胁。露西的体形为何能够如此之小，这一问题也有了答案。显在的结论是，它的社群为它提供了大量的庇护。事实也的确应该是如此——直立行走让教小婴儿四处走动成为必为之事。在现存的猿类中，婴儿一直都由母亲照护，直到它们可以在树上攀爬。南非的一些发现表明，危险是真实存在的：斯瓦特克郎斯洞穴中保存了大量的南方古猿遗骸，但只有极少量的后期人属遗骸，尽管这里的石制工具表明，后来的确有人类驻留此处。根据鲍勃·布雷恩（Bob Brain）的观点，这些地方的南方古猿是猎物而非猎人，它们的天敌就是花豹和其他大型猫科动物。

南方古猿最令人震惊之处在于，自原初的"平台"上，它们进化出了至少两种独立的适应性特征（见图3-4）。直立行走为头部带来了

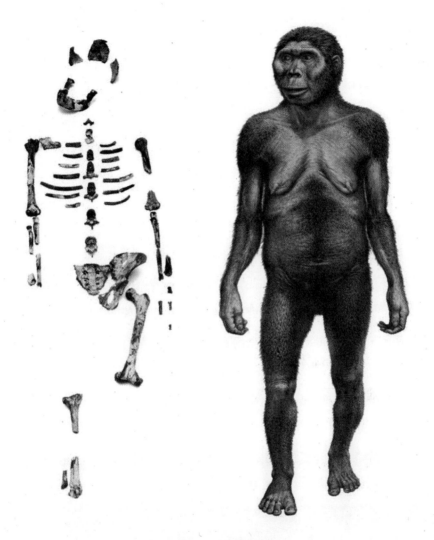

图 3-4 露西复原图

露西是南方古猿阿法种中最声名显赫的一位。该物种的遗骸表明，他们的
脑容量仍旧有限，但在直立行走上有了很大的改观。

一个生物力学问题，大脑位于最上端。对个体来说，同时支撑着巨大的颌骨和大脑，既不轻松也不经济。在不同的环境中，自然选择会青睐于不同的进化方向。地点不同，自然选择的运作方式也不同。其中一支种群，粗壮型南方古猿进化出了巨大的颌骨和牙齿。驱动这些器官的发达肌肉群延伸至颅骨的大部分区域。在当时，这种南方古猿必然是被迫食用大量低品质的植物。与之最相近的类比是大猩猩。尽管大猩猩是灵长目动物，但它们也可以被称为草食性动物，因为它们会食用大量的枝茎、树皮和木髓。

自然选择的另一个方向是青睐于大脑。我们无法直观地看到这一趋势，但某些物种至少是没有向着粗壮型南方古猿的方向演进。纤细型南方古猿全部都没有粗壮型南方古猿的那种粗大的肌肉组织。如果我们要讨论更发达的大脑，那么我们就是要讨论人属的最早期代表。从人族到人类的转变非常含混模糊，古人类学家会依据人类颅骨的新发现、新概念而改变观点，结果就是，化石颅骨在人类俱乐部中进进出出。我们在此处所指的转变，开始于脑容量处于 400～900 毫升之间的人族动物。

早期人属在工具上的突破性成就

由于保存和发掘工作的变幻无常，一些时期的发现往往会比其他时期更匮乏。距今 260 万～200 万年前之间就是如此，我们找到的这段时期的脑颅骨遗骸要比该时期之前和之后都更少。人属的开端可能恰好就处于这一时期，然而，我们的主要证据却是来源于该时期之后的各类化石。在 150 万年前，两个或三个物种已经出现，它们暗示着人属谱系神秘的根源。人属可以依据脑颅骨和牙齿特定的细节特征来判定，但脑容量的大幅度提升是决定性指标。在有些情况下，例如来自东图尔卡纳的著名的 1470 号标本，其颅内容量是 800 毫升，几乎两倍于猿类平均水平。自这个脑颅骨被发现以来，科学家始终都将其归为人属，但它究竟是属于匠人还是卢多尔夫人却争议颇多。另外一些能人标本有平均 650 毫升的脑容量，大概比南方古猿增加了 50%，但仍然低于卢多尔夫人和之后的匠人。事实是，并不存在一个临界的脑容量，允许我们将高于此界线者判定为人属，将低于此界线者划归为更古老的非人属祖先。这一边界始终是含糊不清的，正如我们在化石颅骨的命名和更名中所看到的那样。

　　然而，从社会脑的角度来看，不论古人类学家最终会如何称呼它们，我们都可以推断，这些早期人属的社群规模在 80～90 之间。这样的数字远远超过了现代猿类和猴子社群规模的上限，也超过了我们对南方古猿社群规模的估值。它意味着大约 25% 的白昼时间将被迫消耗在社会性梳毛上，以建立、确认和加强社会联结。不久之后，一些变化必然发生了。

为什么脑容量的增长成为可能？我们认为是社会性更新颖、更丰富的延展，为脑容量的增长提供了先决条件。这是真正意义上的社会性大脑：社会生活驱动脑容量激增。这些先决条件之一就是石制工具的出现，它为器官的延伸提供了一个主要范例，借助现有的适应性来应对庞大社群所带来的挑战。接下来，我们将会阐述，这些变革究竟是怎样显现在社会脑这一层面上的。首先，我们必须对工具的角色做更确切亲近的考察。

我们仍然痴迷于科技的魅力，痴迷于它给予我们的额外动力。协和式飞机客舱头部有一个显示屏，乘客可以看到他们是在何时达到两倍声速，并成为两倍声速俱乐部中的一员的。考古学家同样有一个"200万年俱乐部"，其所囊括的是那些发掘和研究最原始的石制工具的人。我们中的一些人可能永远都无法确定，自己是否属于这个俱乐部，因为事件的年代测定并不总是精准的。但毫无疑问的是，在1970年左右，针对肯尼亚北部图尔卡纳湖的新研究打破了200万年的工具分界线。后辈人更深入的研究将这个日期进一步前推，锁定在了260万年前的埃塞俄比亚贡纳。我们可以肯定，石制工具将会告诉我们人类在进化道路上踏出的重大一步。

石制工具有什么特别之处呢？早在200多年前，考古学家就已经将它们用作历史的标记了，而它们的一大价值，就是留下了古人类曾经存在的不可磨灭的印记。有印记绝对好过没有印记，但也正是从这里开始，难题接踵而至。我们需要知道"谁制造了石制工具""用什么制造的""在何时制造的"，以及"它们是否真的意义重大"。我们将会密切联系社会脑理论来解答这些问题。

为了寻找答案，我们必须着眼于一个更广阔的世界，这个世界不是人类的，而是动物的。这些动物为求生存，运用了一系列的阴谋诡计攫取利益。它们中的大多数，不论是哺乳动物、鸟类、爬行动物还是鱼类，都是以自己的身体作为实际作业的全部手段。如果某项工作无法用牙齿、脚掌、喙或爪子来完成，那么这项工作也只能就此放弃。然而，许多动物的确找到了利用超出身体之外的（非身体的）东西来与这个世界斡旋的方法，它们利用一些外部材料来作用于某物。这就是工具的全部意义。

这其中的某些事例是具体而简单的。鸟会把蜗牛丢到岩石上，以摔碎它的外壳；猕猴会以水为工具将土豆洗干净；海豚会把海绵放在鼻子上，以搅动海底。其他的事例则牵涉面更广也更复杂。这其中的明星演员除新喀鸦以外，还包括僧帽猴、黑猩猩以及古人类和现代人类。这样的图景耐人寻味，因为它显然并不完全依赖于亲密的进化关系。大多数种类的猴子都不会使用工具，即便是僧帽猴的近亲也是如此。

从大多数方面来看，猿类都要比猴子更加聪明，猿类的大脑当然也会更加发达，但它们并非全都会将自己的能力用于制造工具。事实上，只有黑猩猩会系统性地制造工具。从根本上说，黑猩猩的智慧是以应对社会挑战和生态挑战为导向的，这一点我们已经有所论述。灵长目动物学家理查德·伯恩（Richard Byrne）指出，准备植物性食物以及筑巢需要与制作和使用工具相同的能力。这些行为也是在社会环境下习得的。

我们祖先的系统树及其亲缘分支上存在一个奇妙之处：我们和黑猩猩之间的亲缘关系，超过了彼此与另一位最常见的工具制造者红毛猩猩之间的亲缘关系。红毛猩猩当然会制造工具，但它们也只是在特定的场合下才会这样做。大猩猩几乎不会使用工具；而人类的另一位近亲倭黑猩猩则很少制造工具。在这个模型中，黑猩猩是现存的与人类的亲缘关系最接近的物种，我们无法用它来解释太多的东西，尤其是它与倭黑猩猩之间存在的差异。但是，我们也许可以利用黑猩猩来说明人类祖先工具行为的开端。

当然，任何利用当下行为来直接解读过往历史的做法都并非明智之举，但黑猩猩让我们看到了一系列的简单工具是如何完成各种各样的任务的。为此，一些人将黑猩猩视为人族与猿类的最后共同祖先的最佳模型。这一观点得到了比尔·麦格鲁、理查德·兰厄姆、安迪·惠顿等黑猩猩研究专家的支持。一些人会质疑，黑猩猩已经有了太多的适应性变化。然而，将它们视为最佳生存模型仍旧是非常简便的做法。

有一点是可以肯定的，除了人类之外，黑猩猩是所有动物中工具行为最频繁、最多变的物种。所有的黑猩猩群体都使用工具，但它们并不总是使用相同的工具（见图3-5）。

图3-5 黑猩猩使用工具

黑猩猩正在用石头敲开坚果。在不同的野生黑猩猩群体中，这种行为的具体表现也会各不相同，并且，它需要多年的练习才能熟练驾驭。

尽管大多数工具行为的目的是求取生存，但它们对生活也并非是必不可少的。黑猩猩的食物主要来自水果和草本植物，要采集这些食物并不一定要借助工具。工具行为有硬性和软性之分：石头用于敲打，柔软的茎枝和树叶用于钓取白蚁和清理工作。某些黑猩猩的工具行为极大地吸引了我们的注意。在西非的方果力，黑猩猩会用小型木制矛猎杀丛猴。在另一些地方，黑猩猩使用工具集来捣毁地下白蚁巢，侵犯蜂巢获取蜂蜜，完全无视叮咬或蜇刺。

围绕猿类的工具行为所带来的巨大利益，我们能够得出以下一些可靠的结论：

● 工具自社群生活中产生。

● 工具的作用与主要的生存活动无关。

● 科技在很大程度上表明，"体外之物"对黑猩猩的生活有重要作用。

● 99% 的黑猩猩工具不会遗存下来，无法形成脉络清晰的考古学记录。

这些工具是否向我们阐述了智力的意义？在研究工具的重要性上，灵长目动物学家和考古学家持有不同的观点。灵长目动物学家无法直接询问被试，它们为什么做或者不做一件事，因为猿类并不懂语言。考古学家同样也无法询问研究对象，因为他们的研究对象都已灭

绝。平心而论，在应对社会生活的挑战上，没有工具行为的猿类，其
聪慧程度并不亚于具有工具行为的猿类。尽管智力始终都是一个十分
宽泛的概念，但它似乎又的确是一种必备之物。在某种程度说，黑猩
猩的文化知识得到了传递，因为其他的黑猩猩会观察和学习。这就是
为什么我们会说工具起源于社群生活。工具对黑猩猩而言只存在一定
的重要性，但倘若它们的生活环境产生细微的改变，那么这种重要性
就会骤然飙升。只有借助工具的帮助，它们才能从食物中获取更高比
例的营养。

总体而言，我们有两种看待工具的方式：

● 社群生活占据主导地位，工具只是社群生活中偶然的副
  产品，是一种附带现象。

● 制作工具的材料是"脚手架"的核心部分，我们的社群
  生活自此产生。

在鸟类和灵长目动物种群中，亲缘相近的不同物种，其工具存在
与缺失的显著差异是支持第一种观点的，即便是现代人类也符合这一
情况。澳大利亚土著社群拥有异常丰富的社群生活，但其工具集却极
为简陋。同样地，柴尔德这样的考古学家在讲述人类进化的故事时，
强调第二点的重要性。在人类进化的过程中，技术基础似乎每次都是
重大经济飞跃的关键所在。尽管每一次经济飞跃也与社会发展相关。

　　我们可以在某种程度上中和这些观点，而这对将科技和社会脑关联起来是非常必要的。首先，毫无疑问，工具给予了我们回溯过去的强大标识，当前也仍旧如此。即便一件装饰品，也是一种能够反映佩戴者信息的工具。尤为重要的是，工具几乎总是在社会背景下被制造和使用的。这和灵长目动物的工具行为是一致的。

　　近些年来，灵长目动物学家觉得有必要证明"社会学习"的存在，但其实只有一种真正的其他可能：所有的工具行为都源自个体的新发明。这几乎是不可能的，承袭的本质就是个体借由一种只能被视为交际行为的接触，从他人那里学习经验。这些论据促使我们将人类祖先的科技视为根本性的社会嵌入式的。失去了社会性，失去了思想和技术的传递，应对问题的成功方式的承继也就不可能发生。

　　然而，在最初的时候，科技对社会活动产生的影响只能基于先前的技术行为。比如，只有我们建造了一间棚屋，我们才能在其中居住。而如果居住在其中，我们就能拥有新的社交机会，进而带来新的技术机遇。依靠这种方式，反馈回路将科技更深入地融入我们的生物性和社会性之中。在这一过程中，我们通过加强联结的绑定，放大了构建社群生活的信号。

　　最近兴起的生物学和人类学的分支科学，将这一过程描述为"生态位构建"：人类把自己塑造成巨大的认知和科技生态位，但它的基础实际是社会性的和观念性的。人类可以声称，是我们自己构建了我们栖身的生态位。其他许多动物也在做同样的事情，但它们的生态位并不如我们这般繁杂多变。我们与我们周围的物质世界，以及我们塑造的生活环境是一体的。人类在这条路上走得更远。

正如人类学家毛里斯·布洛赫（Maurice Bloch）所指出的那样，人类的核心能力就是生活于想象之中；或者就像我们将要表述的，人类的核心能力是探索第四阶之上的意向性的可能性。需要指明的是，这并不是伴随着新石器革命的城镇和城市一起出现的东西。第四阶意向性在我们的谱系中发生的时间要更加久远，位于贡纳的石制工具只不过是已知的开端标记。

通过构建我们独特的生态位，在社会背景下习得的古老工具的使用技巧，指明了一种理解人族心智结构的不同方式。我们青睐于一种延伸心智，一种像灰质一样精致雕琢的石器，一种广泛分布于人族栖息环境中的社会认知。我们并不是真的在说大脑存在于石头之中，而是说，人族的思维将这些思想绘制、模型化在一个基本的直观水平上。它们指明了我们自己与最早的石制工具制造者之间的连续性，与早前对狩猎者和采集者以及石器时代祖先的叙述有天壤之别，因为他们的行为中包含更多的幼稚和非理性之处。后者是考古学最伟大倡导者，坚定的达尔文主义者皮提－里福斯将军（General Pitt-Rivers）持有的观点，发表于 1875 年。那些拥有理性思维，进而拥有创新和解决问题的心智官能的人，同样也能够在柴尔德对社会进化的野蛮时代的评述中找到。

在这个进化矩阵的某处，石制工具的确出现了。正如我们已经指出的那样，已知的最古老的石制工具来自埃塞俄比亚贡纳。这个地方与发现南方古猿阿法种的哈达尔非常接近，却处在更高的层次上。贡纳的发现可以追溯至 260 万年前，而出土的最新近的南方古猿阿法种也已经有超过 300 万岁的高龄了。2010 年，在埃塞俄比亚更加偏南处的迪基卡，研究人员发现了一些有砍切痕迹的动物骨骼，这些痕迹可以追溯至 330 万年前左右。但这一证据仍存在争议。

考虑到其他灵长目动物使用简单工具的能力，一个这样早的时间点不应该受到质疑，但其他一些知名遗址的工具缺失就难以解释了。经验丰富的古人类学家探索了利特里的广阔地域，却一无所获。类似地，在南非更古老的南方古猿洞穴里，同样也找不到任何石制工具的遗迹。石制工具就像凭空出现在人们的面前。对古人类学而言，这些工具有两大用途。第一，它们是古人类曾经存在的标记，是与现代智能手机最相近的等价物，能够告诉你一个人的位置，至少在此处是这样的。第二，一旦被发掘出来，这些工具将会告诉我们许多古人类的日常活动情况，告诉我们古人类是如何解决问题的。

心智的类型

古人类的大脑可以被测量和检视。毫无疑问，如今磁共振成像（MRI）和计算机断层扫描（CT）技术已取得了跨越式发展。我们能够借助扫描技术来弄清楚当我们制作不同的石器或使用语言时，大脑的激活区域。这是一次实验革命，可以与第一代学者对黑猩猩和狒狒的实地研究相媲美。

然而，要判定古人类的大脑中有着怎样的想法是极为困难的。思想不会石化，只有个体的有形存在才能保存下来。不过，我们要踏出的第一步是确定古人类的思维模式，这才是最重要的，因为思维模式决定了所能提出的问题的类型，以及处理考古数据的方法。

其中，最负盛名的思维模式可以追溯至 17 世纪法国哲学家、数学家笛卡儿的学说。笛卡儿将心智描述为理性的工具，其作用是解决身外的问题。这是对中世纪世界观的彻底颠覆，并奠定了今日所知的科学和医学的基础。自此之后，有许多人阐释了笛卡儿的并列认知过程（外部 – 内部），以及他的二元论思想（心灵 – 肉体和客体 – 主体）。

研究者已经使用了许多喻体来探讨这种内部工作程序，时至今日，在开创性著作《心智史前史》（*The Prehistory of the Mind*）中，考古学家史蒂芬·米森（Steven Mithen）使用了心理模块（mental modules）的概念来组织进化故事。

米森认为，这些模块是不同

的智能，其所解决的是诸如社会、自然学、语言以及科技等领域的问题。这种对心智的划分为认识考古学原本语焉不详的概念，提供了其迫切需要的支点。当要阐释心智演变时，米森使用了认知流动性（cognitive fluidity）的概念，并将其与持续复杂化的大脑模块相关联。依据米森的理论体系，自然智能模块与社会智能模块在人类进化进程的某个时期合并了。

那些曾经只作为简单食物存在的驯鹿，现在不仅是"吃着好"，而且是"想着美"。它们开始被用作氏族的图腾，其重要性远远超过了简单的热量供应。尽管笔者不认同模块化的心智理论，因为它太过拘泥于理性了，但米森引人瞩目的进化叙事，本质上是一套强调关系纽带不断增强的理论

体系。这与笔者的认识是非常契合的。

考古学家托马斯·温和心理学家弗雷德里克·库利奇（Frederick Coolidge）以类似的方式建立了尼安德特人的心智模型。这个模型与模块牵涉不深，他们所强调的是短期记忆和长期记忆的重要性。在《如何像尼安德特人一样思考》（*How to Think Like a Neanderthal*）一书中，他们探讨了内容广泛的议题，包括尼安德特人的笑话、梦和个性，并质疑了学界对这种大脑袋、粗壮型古人类的成见。

笔者在这两部重要著作间所找到的关联性，就是它们的出发点——笛卡儿式的理性心智。这一模型是奠基性的，然而，笔者同样也注意到了于人类行为至关

重要的情绪基础，此外，笔者还会强调一种更多亲密关系的特性——在人类认知中，人与物体间建立联结的能力非常普遍。最终，我们将打破"内里"的心智与"外在"的世界之间的壁垒。

有了延伸心智模型，我们就必须改变自己对心智归类的定义。它不再只是颅骨中的灰质，它延伸到了皮肤之外，并将所接触到的事物、所栖身的环境纳入其中。这些可以成为自身生态位建设的产物。心智同样也是饮酒的杯子、休息的椅子以及在执行这些动作过程中的脑部神经元放电过程。

心智不仅仅是在接近他人时保持理性，还是一种真正社会意义上的亲密性。因此，我们的社会认知不仅仅存在于额叶和颞叶，存储关于他人的记忆和信息，它

还存在于人工制品的积累过程中，存在于这些制品的外形、触感、滋味和气味里。从这个意义上讲，社会认知遍及了整个栖身的世界，它是建构生态位的基本组成。

其他动物也有这种分布式认知（distributed cognition）。然而，人类能够借助制造、购买、交易、保存、珍藏以及丢弃的东西，扩充我们的认知，我们所能为之事，以及我们在这个世界上的影响力。这促成了一种非常微妙的智慧，既是脱身于紧张的社会生活，又是对它的反思。

社会脑历史的重大问题在于，拥有与人类相同能力的部分或全部祖先利用延伸心智机遇来追求持续复杂化的社会布局的范畴，其中的一项就是打破面对面的社会生活的束缚。自四目相对

式的交流中解脱后，离群索居的古人类得以继续社会生活——思考他人，并借助想象中他人可能对自己产生的看法来调整自己的行为。结果就是，我们看到早期古人类，最晚在200万年前，生活在了更广阔的时间和空间范围里，这是他们的猿类近亲所无法达成的。这可以称为现代心智的起源吗？

　　这些工具并不需要多么精细复杂就能够给予我们种种信息。最早的石制工具是从石核上敲打下来的简单石片，但这些石片却表现出了一种自信的连贯性，彰显了制作者的娴熟技巧。这些工具围绕着人族本身及其周遭环境，为我们的研究划定出一个新的领域。所有超过200万年的工具都是在非洲发现的，就像所有的南方古猿都是在这片大陆上发现的一样。研究者通常将这些工具并置一处，统称为奥尔德沃文化，这是依据坦桑尼亚的奥杜瓦伊峡谷命名的。在这里，玛丽·利基首次描述了来自峡谷附近的大型遗址的各类石器。这里的遗址可以追溯至大约180万年前。在东非大裂谷附近的一些地方，从埃塞俄比亚到马拉维，后来的勘察人员找到了许多相似的工具，南非的一些洞穴遗址中同样存在有这些工具。

　　石器的使用模式促使考古学家格林·艾萨克将这些制造者称为"第一批地质学家"。就在最古老的石器遗址深处，当地的古人类非常清楚到何处去找寻最合适的岩石。他们曾经常常往返于这些地方，最开始时的距离在3～5公里左右。为研究这些活动，亨利·布恩（Henry

Bunn）一直追踪到了东图尔卡纳湖。罗布·布鲁门斯切尼（Rob
Blumenschine）和他的同事在奥杜瓦伊湖附近做了类似的研究。显而
易见的是，不同的材料往往会被打造成不同构型的石器。

古人类同样具有高度的选择性，他们只运输具有最佳可塑品质的
岩石。考古学家通常找寻的遗址，都是古人类一段时期内单一活动的
焦点，也许是几天或者几周。然而，尼克·托斯（Nick Toth）和凯西·锡
克（Kathy Schick）的研究表明，这些地方始终都是一个更广泛网络
的一部分，他们调查的每一处奥尔德沃遗址，都显示出了石材进入和
运出的痕迹。

大致上我们可以认为，古人类在原材料的发现地做了一些基础的
工作，比如清除石材中对制作工具来说无用的赘余。接着，他们搬运
余下的实用石材到一处位置优越的地方，或者是他们专门用于制作成
品工具的场所，然后再将制成品带走使用。

这一切都给予了我们至关重要的社会信息，也就是古人类的行走
距离及其活动范围。从一开始就十分关键的是，古人类的活动范围远
大于猿类的领地范围。同样，这绝不会是个体的活动，因为搬运的岩
石数量颇为惊人。这是拥有共同意志的集体行动，可以为当时的社群
规模提供一些线索。毋庸置疑的是，同负担着更大的脑袋一样，搬运
岩石是一项消耗巨大的活动，因此这项活动本身必须包含足够大的收

益。工具必然是开辟了获取新资源的途径。肉食、块茎和块根当然就囊括其中。石制工具同样也推动了工具的进一步加工，例如，用于自卫和挖掘的锋利木棍。

有足够的证据表明，一系列的任务已经从中展开。人族倾向于选择致密的材料，如用于制造重型工具的玄武岩，细密纹理的光亮材料，如用于制造锋利刃口的硅质岩。奥杜瓦伊一层的某些遗址证明了这种巧合的存在，而又过了许久之后，我们在以色列的一些遗址中获得了同样的发现。

石制工具的制造时间和制造材料问题相对来说更加简单明晰，但究竟是谁制造了它们却是模糊难辨的。大多数最早的石器都没有与之对应的化石遗迹。等到有了化石遗迹时，例如在奥杜瓦伊峡谷最底层处，自然因素导致的沉积、分选和移动过程又必须考虑在内。在这片著名的一层遗址里，路易斯·利基首次发现了粗壮型南方古猿的颅骨，而仅仅是在两年后，同一地层中又发现了一个纤弱的人族动物——能人。东非人作为石制工具制造者的短暂荣誉，因为"手巧"能人的发现而黯然失色。这种黯然失色与此种证据没有太大干系，它源自人属必须是工具制造者的推论：到1972年，古人类学家肯尼斯·奥克利（Kenneth Oakley）享誉盛名的小册子《人类，工具的制造者》（*Man the Toolmaker*）已经发行了至少6个版本，但其核心观点却原封未动。到了如今，在一些古人类学家眼中，可能的工具使用者能人已经失去了人属成员的地位，而被置于南方古猿的分类之下。

就整体而言，鉴于自奥克利的著作之后，所有非人类的工具制造行为已经广为人知，我们强烈地感觉到，工具制造行为不仅不同程度地存在于脑力有限的人族动物，如能人、南方古猿非洲种、粗壮型南方古猿，也可能广泛地存在于生活在非洲不同地区的同代种群中。可以肯定的一点是，拥有260万年历史的贡纳石器在一定范围内先于我们粗略看到的早期人属的成形时间。我们将在后文讨论火的使用和手斧的发明，我们会再次阐述这一问题。

我们可以围绕两点洞见和一个问题来阐释早期工具：

● 它们解决问题。

● 它们传播思想。

● 它们是否内含设计观念？

乍看之下，最后这个问题似乎微不足道，但它是事关根本的。任何工具都会不可避免地承载起一些理念，而这些理念构成的思想就是我们所有交际和社会网络的核心。如果工具可以被视作一种由功能网络组建成自身的物品，那么，工具就是具象化了这些功能的小世界。正如我们的人际网络是一个更大的网络，其意义在于它是社会生活的工具一样。即便是一件简单的石制工具，也必然要具备一定性能的切削刃；它必须有一定的外延，以便于手持；它还必须拥有适当的质量。这足以称为设计吗？

当工具变得更加精致复杂时，这一问题也将会更加明晰，但在本质上说，任何工具都是广阔世界里的一个小世界，我们对它们的处理也有共通之处。工具促使我们去关注细节。某种只花费5～10分钟来制造的工具，其所代表的可能是人族跨越50万年的科技。这种对细节的关注使工具产生了丰富的社会性。在此，我们意指那些自平凡的观察、社会互动和学习中产生重大意义的东西。在观察生态位构建时，我们无法将工具从它们的制作者人族身上剥离开来。

奥尔德沃石制工具是其制造者的分布式认知的一部分，就像是存在于他们大脑神经元中的一部分思想一样。因此，人类学家莱斯利·怀特称石制工具为"符号品"——每次我们观察石器时，我们并不仅仅是被石器本身所吸引，而是在思考其所蕴含的更为深远的意义。如果我们认为社会生活驱动脑容量增长的观点是正确的，那么我们就必须接受科技，以及古人类所栖身的并于其中开辟道路的世界，同样是受社会生活影响的。

当我们审视并衡量科技变革以及变革的驱动力时，我们可以去追问，社会脑的位置在哪里。对科技的一个简单明了的解释是：聪慧是有利的，只有这样个体才能创造和使用科技并获取资源。这也是前几代人所给出的解释。如果科技要求更大的脑容量，那么发达的头脑就会受到自然选择的青睐，并在选择压力下持续进化。现在，我们可以认定，这种科技驱动理论太过简单了。

大多数人在大多数时间都并没有积极地利用科技，因而科技也不应该要求大量的智能。在现代人中，有些群体拥有巨量的科学技术，有些群体则是一穷二白的，但这些似乎与智能或智力并没有直接关系。即使是一只黑猩猩，它除了自己制造工具以外，也能有效地使用许多人类工具，而且通常都是无师自通。

与科技驱动理论不同，社会脑理论认为，人族种群脑容量的增大全部都是由社会生活驱动的。对人属以及科技的出现这一类事件，我们给出的简明解释是，古人类需要生活在更加开阔的地形中。为了做到这一点，他们需要组建更大的社群，跨越更遥远的距离，采用更加漫长的时间单位，因而他们需要更大的脑容量来经营这一切，更不消说分隔异地却要保持联系的社交衍生需求。石制工具的运输距离，为这种运动的规模提供了最明晰的证据。奥尔德沃石器很少是由5公里以外的岩石制造的，但即便如此，岩石原料似乎的确是因其可塑品质而被选中的。在之后的阿舍利文化中，这一距离增加了两倍，某些证据表明，岩石的运输跨越了更远的距离。再一次，制造手斧的古人类表现出对于特定原材料的偏爱。

露西课题的研究生朵拉·马特西欧（Dora Moutsiou）对黑曜岩进行了研究，她发现，在东非的阿舍利晚期文化中，火山玻璃①的平均运输距离是 45 公里，其中最遥远的原料地是 100 公里外的埃塞俄比亚盖地博遗址，时间是在 100 万年前。由于缺乏进一步证据，我们还无法讨论有关交易的问题，不过，这是我们接下来的关注点。

我们觉得，这些运输距离数据有效证明了群体融合与分裂规模的扩张。我们的同事菲利普·奥雷利（Filippo Aureli）对此已经做过论述。自最初出现在东非起，石制工具跨越数公里的系统性搬运就一直在进行，它们也许可以间接地证明许多其他我们未曾看到的移动和互动。

人类依靠合作来完成任务，鉴于此，考古遗址的规模可以为我们提供诸多信息。即便是奥尔德沃时期，某些地区也具备足够的吸引力，古人类在很长一段时间里使用并废弃了大量工具。在奥杜瓦伊，工具有时表现出强烈的层次连续性。人们经常大规模地折返。最具

① 黑曜岩、松脂岩等岩石的统称。

——编者注

信息价值的遗址要更小一些，往往是一块只有 5～10 平方米的地段。海伦·罗奇（Helene Roche）在西图尔卡纳的洛卡拉雷发现了一个异常清晰的例证，可以追溯至距今 230 万年前。这里的遗址包含劈碎骨骼和工具制作行为的证据。原材料往往是由大约 60～70 个石核组成，石核的大小可能与拳头相当。因为个体只能一次携带 2 个或 3 个石核，因此即便是这些小遗址也是由多人组成的任务小组造就的，而原材料的搬运也许是经历多次旅程才得以完成。这些证据系统性地出现时，更发达的大脑也开始现身了（见图 3-6）。

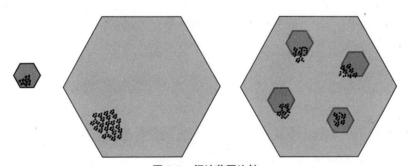

图 3-6　领地范围比较

　　左：黑猩猩通常只在很小的领地活动，一般而言，社群可以借助声音交流来聚集或保持联系。中：人族频繁出入在更广阔的领地中，生活资源很少能令社群以这种方式聚集在一起。相反（右侧所示），社群倾向于再细分为营居群，这种组织形式更加灵活，并且，他们往往聚集在拥有水源和丰富资源的地区。

　　自这些记录的开端，我们发现了与动物骨骼相关的考古遗址。即便是在埃塞俄比亚的早期遗址，骨骼碎片也是与石器一同出现的，这种格局在更新世中重复出现。然而，这其中存在某种偏差，因为小型动物的骨骼更加容易腐烂，骨骼在地上遗存的时间有限，一处遗址使用的时间越久，骨骼保存下来的可能性就越小。尽管其他一些灵长目动物也会猎杀小动物，但石器锋利的切割面还是无可辩驳地表明了人族对肉食的巨大兴趣。石器和骨骼之间的广泛联系极为引人注目。石器留在骨骼上的切割痕迹通常能保存下来。

尤其值得注意的是，我们经常发现，史前古器物散落在一具骸骨周围，通常是大型哺乳动物的骸骨，如大象或河马。动物自然死亡留下的骨骼也可能在机缘巧合之下，在自然的沉积作用下与石制工具聚集到一起，考古学家对此始终心怀警惕。但在非洲大陆上四散分布的古迹中，有一个场景不断出现：人族使用石器来切割动物的尸体，这个动物往往还是大型动物。其中尤为明显的一个例子是位于非洲东北部巴罗加里的大象骨骼，它距今已有 160 万～130 万年的历史。

一个尚未解决的谜题是，人族究竟是在多大程度上参与狩猎，而非仅仅是食用腐肉。研究者争论这一问题已经长达 30 年之久。我们同样会在后文详细阐述这一问题。在过去的 50 万年间，狩猎行为的出现似乎是毋庸置疑的：木制长矛与骨骼的陡然集中证明了这一点。但在更早的时期，我们看到矮小且脑力有限的人族完成了一些甚至是现代狩猎 – 采集者都难以完成的任务，这一点让我们感到十分困惑。

也许，我们可以暂且避开这一问题。黑猩猩当然会猎杀小型动物以及动物幼崽，来自肯尼亚卡纳姆的证据也表明，早期人族有时同样会对小型动物痛下杀手。合作狩猎行为在黑猩猩种群中得到证实，与此类似的协作和"共同意志"同样存在于人族身上，这一点可以由工具的聚集出现以及携带物资跨越的地理范围推断得出。事实上，我们可以观察到的合作元素，远比狩猎行为本身更为清晰（见图3-7）。

图 3-7　警觉的白脸牛羚

　　早期人属在某一时期学会了猎杀大型动物。白脸牛羚这样的动物有着自我保护的本能，它们会时时警惕。人类利用智谋猎杀它们的行为本质上是一项社会性事业。

　　除了始终可见的石器以外，旧石器时代的大多数其他科技都没能留下考古记录，这一点发人深省。其中，用火遗迹尤其容易消失。然而，其他的器具材料也几乎是同样成功的。大多数猿类工具都是由茎枝或树叶这样的柔软材料制成的，因此，人类将相似的做法纳入自己的行为库似乎也是明智之举。

阿德里安·科特兰德（Adrian Kortlandt）发现，黑猩猩会用棍子痛打一只饱食的花豹。比尔·麦格鲁认为，黑猩猩的武器行为已经得到充分的论证，却鲜为人知。罗宾·科洛普顿（Robin Crompton）已经证实，现代人类都具备携带较小重物的能力，大约每只手能承担半公斤的负荷。由此，我们很难想象古人类从不使用木制工具，可这些木制工具遗存下来的可能性却是微乎其微的。然而，有三件早期的案例让我们看到了木制工具的遗存（见图 3-8）。大约在 70 万年前的以色列和 40 万年前的南非和德国，木制工具是确实存在的。这些工具样品由大脑发达的古人类制造而成，但木制工具的使用似乎可以追溯至更久远的年代。例如，露西的长拇指就非常适合用来抓握一根木棍。

然而，考古学又的确没有神奇的魔力，可以确切地在我们的发现之外，推断出某种物品或行为存在过。考古学所能做的仅仅是提出可验证的假设，原则上还要划定出假设的适用范围。骨制工具就是一个很好的示例，奥杜瓦伊发现了一把骨制手斧，意大利也发现了数目众多的骨制手斧。由此我们得知，骨制工具制作于 50 多万年以前，我们可以推断出，它们可能在 260 万年前就已经出现，同首个与石器一同发现的骨片一样久远。所以，如果我们想要询问"第一件骨制工具是在何时制成的"，那么，我们就要面对诸多不确定性，范围是距今 260 万～80 万年前。在人类学中，这样的时间范围会带来广泛的争议，而且我们必须时刻警惕对证据的过度阐释。

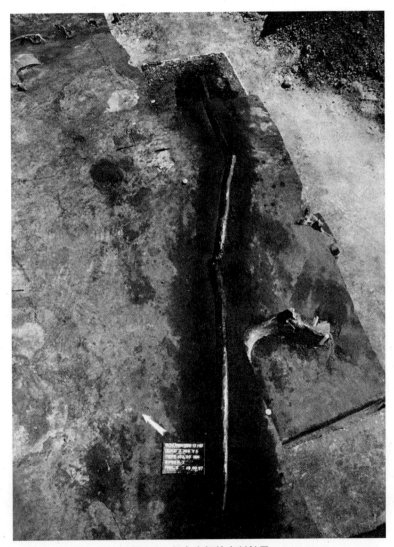

图 3-8　保存完好的木制长矛

　　这根长矛发现于德国舍宁根（Schöningen），距今已有 30 万年左右的历史。木制品遗存下来的例子非常罕见，但这种技术在当时一定已经被广泛应用。这一发现提醒我们，考古记录中可能还有大量的缺席之物。

　　然而，可以确定的是，早期人族必然经受了巨大的选择压力，因而产生了极为深远的生物学变化。尽管过去 700 万年左右的时间里，猿类始终都在演变，但人类祖先的变化要更为波澜壮阔：这就是为什么我们已经不再属于猿类。进化并不必然就只有一个单一的方向。200 万～300 万年前，人族巨大的牙齿表明了饮食上的压力。随后，大脑取得的效益开始超过牙齿。在这些外部迹象之外，人族的社会结构和行为模式必然也深受影响。到了 200 万年前，我们可以肯定，这股涉及地理分布、工具和大脑的"演变之风"是人族取得成功的有力证明。由地猿和南方古猿组建起的第一个人族社会，并不具备发达的大脑，这一点也许是值得注意的。我们或许可以依据社会脑理论得出一个观点：到了 200 万年前，生物和社会上的变化已经发生，同时人口的结构和社群的规模又没有产生根本性的变革。在持续的压力之下，发达的大脑成为昂贵的必需品。

　　在本章中，我们探讨了人类进化的一些无形之物，包括社群规模和社会结构，也审视了颅骨化石和石制工具这样的有形实体。社会脑理论为前者提供了一种思考方法，尽管骨骼和石器的硬性证据无法为我们直接提供信息。而你也将会看到，我们尚未完全打开这个魔法盒。在这个阶段，我们对自身社会生活的远古模型的研究，在很大程度上还只是源于比较分析，所借鉴的也只是对现存灵长目动物的研究，并将其行为推演到了化石物种上。我们尚未提及心智理论、意向性等级或借助物质和感觉体验这些核心资源而得到扩充的社会生活。这是有充分的理由的。尽管在本章给出的时间表中，早期人族的脑容量超过了 400 毫升的阈值，但它们仍旧不过是脑力有限的古人类。它们的社会生活要比那些处于 400 毫升阈值以下的物种更为复杂。但与之后的物种相比，人类的旅程不过才刚刚开始。我们所看到的是直立行走的影响，对抗天敌的迫切需求，消化道退化对食谱的冲击，以及制作和使用工具过程中的社会学习实验。以这样的平台为基础，我们现在可以转向对 3 项关键性转变的证据的讨论，它们延长了社交时间，转变了社会性梳毛模式，引领了技术变革。

THINKING BIG

HOW THE EVOLUTION OF SOCIAL
LIFE SHAPED THE HUMAN MIND

04

人之为人的3项
关键要素

如何定义我们自己，
是人类学上最复杂的问题。

- 手斧、火、语言，3 种元素是紧密联系的，这种联系的基础是大脑、身体、物质和环境的协同进化。

- 工具制造史上的更强工艺，是一种与古人类社会生活不可分割的技能。进化的首要方向，就是那些为日益复杂的社会生活和不断增大的群体规模提供支撑的技能。

究竟是什么令我们成其为人？人类进化研究中的一个重大问题就是定义我们自己。大约300年前，瑞典伟大的动植物分类学家林奈（Linnaeus）为我们贴上了智人（拥有智慧之人）的标签。同时，林奈的评论"人，认识你自己"也对古希腊格言做了一次现代式的解读：我们必须将自己视为一个物种以认识自己。从科学上说，我们既是法官又是陪审团——裁定某一物种是否属于人类俱乐部的一员。这种区分并不是建立在人的本质之上，而是源自文化偏见和历史演绎的包袱。考古学家必须以某种方法确认出，是哪一物种在人族的谱系上划定了分界。考古学家倾向于通过拟定项目清单，如装饰品、艺术品和活动项（包括狩猎和宗教活动），来完成分类。问题是，在人类的远古历史之中，只有极少的特征项可供我们考究。既然没有独立的法院来裁决我们的判定，那么，究竟是什么令我们成其为人的问题缺乏一致的观点，也就不足为奇了。更不用说这些问题刚刚浮现时的状况了。

　　本章中，我们将会审视3个关键性元素，它们存在于所有人的

清单之中——手斧、火以及语言。我们选择它们是有充分理由的。从
时间进程的角度来看，它们支撑我们祖先走过了大脑逐步发达化的过
程，并且它们全部都是出现在，或者说似乎是出现在人属并不孤单的
时代，至少在非洲是如此，因为当时的粗壮型南方古猿仍旧存活着
（见图4-1）。

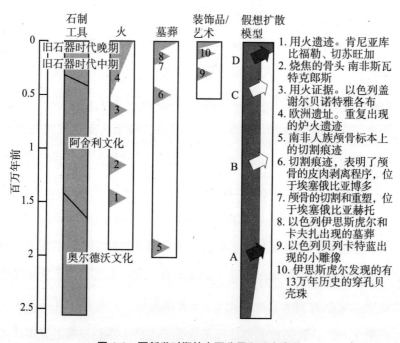

图 4-1　更新世时期的主要分界和重大事件

假想扩散模型是：A. 首先散居于欧亚大陆；B. 第一次迁入欧洲；C. 海德堡
人可能存在的迁移；D. 解剖学意义上的现代人的扩散。

3个元素所构成的挑战各不相同，手斧是我们完全可以找到的，
火迹我们可以凭借侥幸觅得，但语言已经永久地消逝了，我们只能借

助解剖结构或符号做出推断。

　　然而，这 3 个元素都是与长期生存和演变的技能息息相关的。火使得古人类可以改造材料，不论是烧烤肉食还是淬火长矛的矛头；火还改变了当地的气氛，改变了人们在一天之中集会的时间，同时也为人际间的互动提供了助力。语言推动了听力和交流技能的发展，并进一步变革了社会生活的基础。在心理化能力的发展过程中，在阅读他人的心思进而预测他人的行为上，语言同样扮演了一个关键角色。在几乎所有元素都已经消失后，手斧却留存了下来。对考古学家来说，它们表露的事实远不止制作双面砍砸石器的技能那么简单，其中所蕴含的细致、专注以及严谨的程度，是无法在其他能制作工具的动物身上找到的。

　　这 3 种元素以及我们可以由它们的出现推断出来的技能，阐明了进化的人族生态位经历了一个漫长而关键的时期，即距今 200 万～50 万年前这段时间。从社会脑理论的角度来看，这些技能的演变是对选择压力的回应，并形成了一个更加错综复杂的社会：灵长目动物的社会生活与我们的社会生活之间的规模差异，即社群成员数量增加一倍所带来的种种挑战。我们置身于邓巴数限定的 150 人的世界。我们相信，在人族不断构建自身谋生的生态位、社群并将其持续复杂化的过程中，3 种元素是紧密联系的，这种联系的基础是大脑、身体、材料和环境的协同进化。到 100 万年前，一个高度特异化的生态位已经形成，它同时也是接下来 50 万年间头脑发达且技术成熟的人族生活的家园。社会生活驱动了我们脑容量的增长以及我们对周遭材料的运用，因此我们将这些进展视作社会性科技的例子。的确，手斧可以有效地切割猎物，火可以带来温暖，但在这些显而易见的功能之外，尚有一种更加深层次的进化驱动力，那就是了解他人，进而洞悉如何去更好地参与社会生活，最终达成了长远意义上的进化成功。

在本章之中，我们将会关注自人族转变为人类的早期踪迹，并讲述表 0-2（第 35 页）中的事件进程的第六步。这是属于头脑发达的古人类的故事，尽管小脑袋的南方古猿仍旧在 130 万年前的非洲生活着。直立人是一个关键的物种，它们在旧大陆上的分布极为普遍。待到第六个步骤结束时，我们发现海德堡人已经广泛存在于非洲和欧洲，现代人登上历史舞台的时机也已经成熟。

手斧，手艺、专注与认知负荷的完美结合

有时候，一个符号是如此深入人心，我们因此称其为标志，就像电脑上的苹果图标或名表上的商标。这些伟大符号中最早的一个就是阿舍利手斧，我们甚至不知道它是否被有意用作符号。阿舍利手斧成为石器时代的标志，至今仍被广泛应用。

过渡脑：直立人

在人类进化的复杂记录中，有一个角色始终是稳固不移的：直立人。直立人的站姿高大、沉稳，能够走过遥远的路程，进入世界的不同地域。一般而言，这一物种的人类特征显著，并且似乎在很长的一段时期里都大致未变。它们的脑容量较之人类要小很多，但明显超过了那些早期人族动物。这一图景为我们审视过去的 200 万年历史找到了一个很好的切入点，但我们了解得越是翔实，细节就越会幻化渐隐于新的细枝末节之中——人族地方种在脑容量和身体结构上的变异非常显著。

现在，这个故事将以一些直立人标本为开端。这些直立人与首次发现于远东地区的"传统"直立人差别巨大，它们有时甚至还有自己独立的名字：在非洲生活的被称为匠人，在格鲁吉亚德马尼西生活的被称为格鲁吉亚人。两者的脑容量都非常有限。那些来自德马尼西的直立人脑容量不足 700 毫升，比非洲的早期人属更小。150 万年前的非洲直立人，其身体比例非常接近于现代人，但德马尼西古人类的后肢的过渡特征仍旧明显。如果我们真的要将这些类型的标本分类为直立人，那么，100 万年以后，这一物种将会各不相同。确切地说，这一物种将会由各种地方种拼贴而成：这边的身体要更加粗壮，那边的则要苗条纤细；某一地方的脑容量更小，而另一个地方的却头脑发达。

如果这里有什么意外之处，那就是分散各处、相隔遥远的发现却是如此相似。我们很轻易就能够猜测直立人一路扩散到了整个非洲和欧洲，但事实上，这里存在着认知的巨大缺口——自德马尼西到中国，大约 8000 公里距离的土地上，没有发现一块颅骨化石。直立人最早发现于远东，对直立人的传统印象正是源自爪哇和中国：脑容量大约为 1000 毫升的粗壮人类，矮小强健，颅骨厚实。散落于非洲的发现，包括来自奥杜瓦伊峡谷的一片头盖骨，表明在 100 万年前，那里的直立人最终变得更像远东的种群了。但也许就是在非洲，我们将会去寻找一个新物种的先辈——海德堡人的祖先，它们最晚出现于距今 60 万年前。

例如，英国著名的皇家工程院就是用这种手斧作为自身标志设计的灵感。如果有什么费解之处的话，那就是手斧不仅辨识度高，而且极为实用，它留下的所有痕迹最终都指向了制作者的意图。

手斧最晚于 175 万年前（见图 4-2），出现在非洲，图尔卡纳湖西边的洛卡拉雷遗址和埃塞俄比亚的孔索-加杜拉遗址都有出土；而最后一把手斧可以追溯至 15 万年前。有时候，它们会大量地聚集在同一个地方，例如，肯尼亚的欧罗结撒依立耶遗址和基洛姆博遗址，但在另一些地方，却只有稀疏的个别标本。

图 4-2　手斧

手斧是手用工具，基础功能完善。

手斧的设计非常成功，足以用上 150 万年的时间，在旧大陆的大部分地区都发现了手斧，只有远东的部分地区发现较少或者没有发现。

典型的手斧大约 15 厘米长，宽度与手掌相仿。它的轮廓往往类似于扁桃或是小艇，顶端尖锐，尾部浑圆。在敲打石头的过程中，大部分制作者会把手斧两侧的整个边缘削成锋利、坚固的刃口。手斧的平均质量是 0.5 千克，与一罐豆子或一袋糖的质量相近。

我们所举的例子只是一种典型的教科书式的手斧，实际的手斧样式千奇百怪、耐人寻味。即使是一小堆手斧样品集，也会有长有短，有宽有窄，有薄有厚。它们的变化范围如此巨大，必然是制造者有意为之。大型手斧可能是小型手斧的 10 倍重，我们几乎从未见到过共存于一处、相互之间却又差异微小的手斧集。

借由社会脑理论来研究手斧，我们能够从中了解什么呢？问题在于，我们仍旧无法准确获悉这些工具的用途。一些工具善于切割物品，另一些工具则用于砸击物品。史蒂芬·米森认为，工具可能有多种用途，就像瑞士军刀一样；还有一些研究者相信它们有特定的功用。我们可以确定的是，手斧从未形成完整的工具集（见图 4-3）。

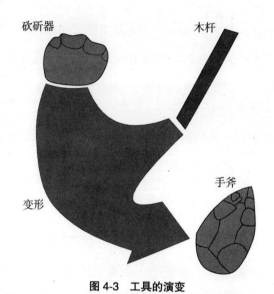

砍砸器

木杆

变形

手斧

图 4-3　工具的演变

更加精巧的工具往往代表了各自单独传播的思想开始汇聚到一起。这一点
可以从阿舍利手斧中看出：社会传导的知识的蓄积，催生了一种新的灵活性。

　　手斧的大量堆积向我们表明，曾经有社群生活在这一地域。它们
暗示古人类把家安置在这些地区，其依据就是他们必须要遵守的统治
系统。统治系统发挥的指导作用与强大的宗教相似，对今天的一些人
来说，宗教仍旧规定着生活的方方面面。这便是在声名显赫且保存完
好的博克斯格罗夫遗址发生的事情。博克斯格罗夫遗址位于英国东南
部的苏塞克斯海岸平原，距今已有 50 万年的历史。研究者马特·波
普（Matt Pope）和马克·罗伯茨（Mark Roberts）证明，这片地域中
头脑发达的古人类——海德堡人，重复采用相同的劳作模式：他们在
坍塌的海崖处寻找合适的燧石，将其运输到平原，并制成独特的卵形
手斧，再用手斧宰杀动物，然后将手斧丢到专门划定的区域。

法国北部的一位发掘者阿兰·塔夫雷欧（Alain Tuffreau）在索姆山谷找到了一处相似的遗址。自 19 世纪起，他就开始在那里进行研究。塔夫雷欧的发现表明，相同的活动、相同类型的工具集会重复出现在同一地点。即便记录中曾经出现过大的中断：5 万年或 10 万年之后，相同的模式会再度出现。我们在东非也发现了类似的迹象，手斧的大量出现只发生在特定的位置。手斧在哪里出现，重复的模式就会在哪里建立起来，并不断持续下去。在肯尼亚的欧罗结撒依立耶，瑞克·波茨（Rick Potts）经过广泛的探索发现，有大量手斧出现的区域，代表那里是整个地域环境中的一处独特的聚集地。在肯尼亚更北端的基洛姆博遗址，约翰·格列特获得了相同的发现；在一处古迹表面，手斧遗物绵延 200 多米，但在临近区域却罕有发现（见图 4-4）。

图 4-4　栈桥遗址

栈桥遗址位于肯尼亚南部地区基洛姆博，这里是世界上最著名的手斧聚集地。成千上万的手斧和薄刃斧暴露在地面上，这是经过长时期的积累而形成的。

这些工具的制造者——直立人和海德堡人，其脑容量在800～1200毫升之间，他们的脑化商数已经达到早期人属的两倍。几乎可以肯定，位于索姆和博克斯格罗夫的古人类的脑容量，已经超过了900毫升的阈值。然而，手斧并非头脑发达的古人类的唯一遗物。手斧既不是脑容量增长的可靠标识，也不是语言产生的某种指示。它们的对称美和细致的做工常常令人赞叹；而它们跨越的时间范围涵盖了脑力有限的古人类以及头脑发达的古人类。

我们从这些人工制品中推断出的结论就是，此时古人类社会生活的规模非常之大，思维也变得更为丰富。更大的团体和社群能够传递和存储更多的信息。与此相吻合的是阿舍利文化群体。一把手斧在我们面前显现为单一的物体，但其实它是广阔网络上的节点。古人类可能会为运输制造手斧的材料而奔波10公里，个别标本甚至出现在距离岩石原料地100公里以外的地区。

手斧对研究者而言非常有用，因为它是第一套表征了复杂规则的工具。这就是为什么手斧能够让我们轻易辨认出来，能够如此广泛地分布于世界各地的原因，其中的规则对我们而言是如此熟悉。我们可以将手斧视作第一个真正的发明，但这并不意味着它是由个体设计的。相反，手斧似乎是一系列灵感经过长时期的、细微的、可能也是无意的实验和改造后集聚而成的。一些最早的样品缺少手斧的某些典型特征，但当它们偶然投入使用后，在其后的150万年里，古人类就一直在沿用、改造它们。

我们认为，这之所以能够成为可能，是因为当时的人类社会组织相较于南方古猿以及猿类的社会组织要更牢固、更宏大。更大的组织很可能是至关重要的，因为它意味着充足的知识可以被足够多的个体所掌握，并最终保证了知识的可靠性和易获得性。而在猿类社会中，这样的现象是不存在的。对猿类来说，社群就是一切，文化接触必须在没有语言助力的情况下，借助薄弱的连接缓慢渗过社群的边界。

考古学家史蒂芬·莱西特（Stephen Lycett）以著名遗传学家路易吉·卢卡·卡瓦利-斯福扎（Luigi Luca Cavalli-Sforza）使用过的一套理论为基础，研究了阿舍利时期文化传播的本质。问题在于，个体是从何处获得在文化中使用的思想的，以及为什么这些思想能够保持不变或产生变化？我们所习得之物就保存在我们的记忆中，与遗传不同，这些东西在保持稳定性的同时，可以通过再学习而得到改造。手斧的令人困惑之处在于，其中涵盖了太多的变与不变。规律似乎是，如果你是一位手斧制造者，你可能会同时做到两点：第一，你会始终遵循基本的规则；第二，你几乎可以随心所欲地对规则进行"滑动调节"。但倘若你滑动得太过，那么就会出现一些现实问题——打造得太长或者太薄的话，手斧会折断。

我们不知道这其中的限制是由个体习得还是承袭而来的，但卡瓦

利－斯福扎和数学生物学家马库斯·费尔德曼（Marcus Feldman）阐释
了几种主要的可能性：这种学习过程可以是垂直结构的——从父母到子
女；可以是水平结构的——从同龄人群体中学习；可以是一对多的——
此时以教师为主导；可以是多对一的——年长的同龄团体规训练习。
在效仿的忠实性和变革的可能性上，这些学习方式会造成不同的结果。

　　人类学家迪特里希·斯托特（Dietrich Stout）在新几内亚的朗达
记录了"技术工匠"对石材加工的重要性，新手会受到严格的控制。
莱西特认为，阿舍利时期采用的是垂直传播的学习方式；然而，多对
一的传播方式更能够形容我们的发现（见图4-5）。此外，有些将阿舍

图4-5　社会传播

　　社会传播可以视作垂直向的或水平向的（例如，从父母到子女，或从同龄
人到同龄人）。在阿舍利文化中，个体也许只是向有限的几个人学习，但传播
的真实性是极为显著的。

利文化抽离现代经验的因素也许在起着作用。格林·艾萨克认为，阿舍利手斧极具地方特色，展示了当地工艺传统的存在，但他相信，跨越巨大区域的手斧的整体相似性也表明了信息流动的便利性超越了现代社会。在现代社会中，如陶盆或陶瓷这样的人工制品，在设计和装饰上存在巨大差异。艾萨克猜测，在邻近群体之间，简单的早期语言并没有像之后那样成为不可逾越的障碍。

在这里，社会脑理论提醒我们去思考数字。与猿类或南方古猿相比，阿舍利时期的个体必然已经能够轻易地向更多的个体学习，跨越地域的信息流动也更加频繁。在一支假定由 30 人组成的狩猎-采集营居群中，一个儿童学习者很可能会受到大约 6 个人的显著影响。在一生之中，每个人都可能在营居群之间迁徙，因此知识可以在更大的区域内互通。

工具本身就是长距离迁徙的直接证据。几乎在每一处大型阿舍利文化遗址中，都有一些远距离搬运而来的工具，通常在 50～100 公里之间。我们无法确切地知道，这究竟是怎样发生的，存在有两种主要的可能性：人们会四处漫游，或物物交换。两者都必然会让我们想起迁徙、群体以及群体规模。这种距离似乎太过遥远，不可能是出于生存的需要。在埃塞俄比亚的盖地博遗址，德斯蒙德·克拉克发现，有几把黑曜岩手斧来自 100 公里以外的东非大裂谷。不论它是源自直接的搬运，还是刚刚萌芽的物物交换，社会接触都是至关重要的，因为你将不得不接洽遥远异地的陌生人。直立人发达的大脑是一个很好的信号，它说明这种类型的社交正在进行。

儿童也许会在最初几年学习敲击岩石，解剖学证据表明，直立人发育为成年人的过程仍旧非常迅速。是否曾经存在一种玩具手斧，我们不得而知，但身处现代狩猎 – 采集群体中的儿童的确拥有一种玩具弹弓，其效果也非常良好。依据营居群的特性，儿童将会从其他几个人那里获得关键的理念和经验。在学习过程中，可能还会有强硬信号迫使他们"必须这样做"。在这里，我们将会做出一个推断，这个推断是基于我们重复发现的证据而得出的。在这一方面，其他灵长目动物并没有给予我们太多帮助：黑猩猩种群中只有极少的教学，这通常发生在母婴之间。年幼的黑猩猩往往将时间花费在与兄弟姊妹的嬉闹中或在边界巡查这样的任务小组中，学习和教学必然发生在成年黑猩猩之间。人族男性的社会化也许就处在成为人类的新可能性的核心，而石核的运输数量几乎无可置疑地表明了男性间存在合作。

这其中传达了怎样的理念呢？我们还可以从他们身上学习到其他什么东西吗？也许至少要汇集 10 种理念或观念，才能够制造一把手斧。我们从其他石器，以及之后的木器或骨器获悉，这些观念能够以相似或不同的组合方式运用到其他工具上。例如，一支长矛就像一把手斧一样，令制造者思考有关长度、宽度、厚度以及平衡性的问题。当然，圆形截面的长矛拥有的具象化的观念，与手斧这样的宽刃工具稍稍不同，而这恰恰才是关键。

运用这些观念集是一项艰难的工作，即便对现代人类而言都是如此。手斧制造者设计出了操作序列，这样他们就不必同时考虑 3 个或 4 个因素了。他们的工作需要聚精会神，这也是社交技能练习中所要求的，必须向他人倾注更多的关注。我们认为，这种专注首先指向的是，在规模不断增大的群体中，塑造更紧密的联结。更长久的注意周期也使得个体在加工和塑形上投入更多时间以完善技术。黑猩猩保持专注的能力极为糟糕（除了为获取食物而展开的持久较量），这一点众所周知；而人类却可以花费时间凝视彼此的双眼，解决难题，或者聆听布道。我们的结论是，工具制造上的更强工艺，是一种与古人类社会生活不可分割的技能。首要的方向，正如我们的社会脑理论所推测的那样，是那些为日益复杂的社会生活和不断增大的群体规模提供支撑的技能。然而，其中一些重叠的技能同样可用于制造工具，令其日臻精巧和完善。

制造手斧需要语言来传递所需学习的知识吗？我们断言这并非必要，之后我们会做出解释。然而，情况似乎是，语言作为一种梳毛机制，其重要性在不断增长，倾听取代触摸成为情感联结的纽带，注意层次也随之进一步提高。人族的生态位因为社会脑而变革。

制造手斧不是一个简单的过程。我们可以用多种方式来制造它们，但通常都要历经三个主要的步骤：第一步是选择原材料，第二步是获取合适的毛坯，第三步是做最后的修整。这些步骤在地理层面上也许是相互分隔的，因为工具制造者通过时间和空间分配了自己的理念，这是一种非常人性化的特点。在非洲，前两个步骤通常会发生在同一处地方，因为材料源是一块太重而无法移动的巨砾。标准的双面器毛坯是由一块敲落的大石片制成的，大概有 20 厘米长。在这里，直立人对敲打岩石的掌控能力值得我们钦佩。

当然，敲落的毛坯愈是"标准"，最后的调校或修整工作就愈是轻松。路易斯·利基很早前就在卡里安都司注意到了这种情况。他发现这里的双面器只有一面需要一些修整。分析表明，相同的基本因素更容易一次次受到控制。对制造者来说，困难之处在于同一时间调校好所有部分。而对于现代喜爱 DIY 的人士而言，其中的问题也是非常熟悉的：当你仔细调校某一部分时，你却发现另外一部分变得不规整了。

阿舍利薄刃斧带来的挑战比手斧要更大些，因为尽管它们有着相同的基本构型，但薄刃斧刃口必须同毛坯一样一次成型，"真正"的薄刃斧不是经过后期修整制成的。阿舍利时期的制造者似乎一致认同打造这种刃口的必要性，尽管他们实现相似结果的复杂程度不同，制造地点也不同。在敲落毛坯石片的准备过程中，东非的薄刃斧制造者会力求一次控制好长度、宽度、刃口的宽度以及厚度四个特征。这要求制作者必须精心准备，而结果的实现，还需要适当的力度、精准定向的敲打。所有这一切都要求心态沉稳，而这是一种我们通常与现代人联系起来的品质。

一般而言，我们发现自己很难同时控制好三个以上的变量。阿舍利时期的制造者采用的诀窍是，通过细心排列操作顺序来减少认知需求。这同样也发生在许多如今的技术流程中。在非洲南部的阿舍利文化中，一种制造双面器的独特技术被称为"西维多利亚"技术。这种技术对最终工具的外形预加工表现出了莫大的关注，因为石核被精心剥制，毛坯比工具本身并不会大太多，因此，经过最后的敲打，接近成品的工具也就制成了。如果这些非常技术性的程序让我们觉得有些吃不消了，那么你要记住，直立人是胜任了这些工作的。西维多利亚技术在自己身上展现了一种特殊的洞见：除非个体知道最终会发生什么，否则整个塑形过程都是没有意义的。

现在，毋庸置疑，前面所做的种种陈述便是"工艺"了（见图4-6）。然而，我们认为，在头脑中对多重概念进行操控并非纯粹的技术。从一开始，社会判断就在制造流程的每一阶段完成了：我们应该何时去原料地，今天去还是明天去？这会影响我们已经筹划好的事情吗？我们要随身携带一些食物吗？我们应该在路上搜寻食物吗？为了带回毛坯，我们需要多少人一同前往？在我们离开的时候，谁来保护孩子？我们可能在路上遇到什么人？对多重概念的协同操控，似乎与意向性等级有着密切的相关性。

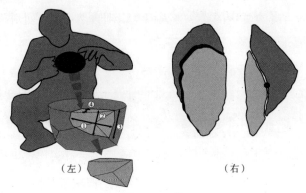

图 4-6　工艺

左：从大型石核上制取阿舍利双面器的过程。通过精心的准备，制造者可以在一次敲击中控制毛坯的多个维度（标签①～④）。碎石锤自然地从石核的可见面砸下，为了示意清晰，此处进行了角度的调换。右：在非洲南部所采用的西维多利亚技术中，石核往往只是稍大于由其制成的双面器。

火，烹饪、生火与社交活动构成的社会史

火是一种自然现象，它在塑造人类的社会生活上扮演了非比寻常的角色。在过去的一个世纪里，西方家庭几乎已经淘汰了自然火，但如果无法控制热力，我们所能做的事情将会非常稀少。虽然存在着种种诱因激励着我们去探索火的历史，但实际上，完成这一工作十分艰难。

火的使用问题让人更为好奇。只有人类才会控制火，所有现存的人类社会组织都能做到这一点，尽管并非所有的社群都惯于点燃火焰。生火被一些群体视为一种神圣的活动，例如非洲南部的桑族。可能并非所有询问"告诉我如何生火"的人种志学者，都能获得直接的

答案。然而，毋庸置疑的是，当人们意识到自然火的好处并开始运用它时，火也就成了一种自然资源。

火的使用是如何发生的，在何时发生的，尚有许多争论。对一些考古学家而言，这是一种"认知飞跃"，它让人类领会了火的潜能，并且它以早期人类居民地火炉的缺失或拥有为分界。然而，因为火首先是一种自然现象，所以我们相信它的使用可能是一种渐进的过程，并随着时间推移而逐步扩大。待到火被引入居民地，并作为"家庭炉火"再次被随意使用时，它的使用可能已经历经了一段漫长的历史。

这种更为广阔的视角容许我们辩称，火在塑造人类饮食和发达的社会脑上，扮演了一个关键性的角色。以饮食为先，关于人类祖先的食物来源，猿类为我们提供了一些线索。对黑猩猩而言，水果是食物能量的主要来源，水果的主要成分是碳水化合物。黑猩猩食用营养较少的植物，并将其作为次要选项；它们的食谱扩大到昆虫、小动物（如蜥蜴）、蜂蜜和哺乳动物（如猴子和羚羊幼崽）。借助这种方式，黑猩猩摄取了少量但极为重要的蛋白质和脂肪补充物。地猿，似乎就更像是一种杂食动物，而在南方古猿身上，我们看到了一种明显在不断拓宽的食谱。

尽管黑猩猩、大猩猩以及红毛猩猩全部食用或以其他方式利用数百种绿色食物，但远离热带或森林之外的各种资源却在不断减少。

在干燥季节，资源的供给非常稀少，食物压力轻易飙升。爱琳·奥布莱恩（Eileen O'Brien）、查尔斯·彼得斯（Charles Peters）和理查德·兰厄姆所做的研究证实，在这些情况下，其他碳水化合物类食物，如块根和块茎，会变得非常重要。

在 20 世纪 80 年代初的一篇重要论文中，彼得斯和奥布莱恩仔细考察了各类植物食物资源，共计 461 属，细分到种的话要更加繁多。他们跨越非洲的东部和南部，比较了黑猩猩、狒狒以及现代人类的植物食物利用状况。其中存在大量的重叠物种，但显而易见的是，三种灵长目动物都食用大量的植物性食物。其中，黑猩猩通常不会食用地下贮藏器官，尽管狒狒和现代人类都以此为食（见表 4-1）。不幸的是，这些食物往往是不易消化的，对现代人类及其祖先而言都是如此。

表 4-1　食物类型比较

食物类型	人类 N（%）	黑猩猩 N（%）	狒狒 N（%）
花 / 花序	2（2）	1（2）	5（9）
水果	38（41）	34（72）	14（26）
种子 / 荚果	9（10）	3（6）	11（20）
叶片 / 嫩芽	22（24）	7（15）	15（28）
茎枝 / 花梗	4（4）	2（4）	1（2）
地下贮藏器官	17（18）	—（—）	8（15）
总计	92（100）	47（100）	54（100）

在非洲中部和南部，人类狩猎－采集者、黑猩猩以及狒狒的植物性食物消耗量（N=食用的各类属植物数量）。食物种类的重叠非常明显，但喜食水果的黑猩猩不会食用地下贮藏器官，而人类对地下贮藏器官的食用量甚至超过了狒狒。也许，这是因为烹饪助力了人类的消化系统。

人类不善于消化块茎中的淀粉，而过多的肉类蛋白甚至会毒害他们。火的一个重要优点因此得以发挥作用：烹饪破坏了食物成分的结构，包括块茎中的淀粉结构和肉类中的蛋白质结构，使得它们更容易被肠道消化吸收。火同样也杀死了有害的微生物。当然，早期人族并不知道这些事情。他们首先发觉的是，在天然火出现的地方觅食能够获取更多的食物，而那些意外被烹煮的食物更加美味。块茎和穴居动物也许是最明显的目标，因为一场大火过后，两者都暴露出来。

人种志的记录告诉我们许多现代觅食者这一方面的问题，在此类事例中，我们不应怀疑其在过去存在的真实性。我们也不需要将其归功于认知飞跃，因为许多其他物种，尤其是鸟类，也都被认为是"火的追随者"。这些都表明，大火在自然界出现得足够频繁，可以形成习得的活动模型。生活在绿色宜人之地的考古学家们认为火灾是珍稀品，这并不令人惊奇。

自赤道至南北纬 50° 的地区，每年都会出现大量的雷击事件，其中相当比例的地面雷击会引发火灾。当闪电袭来，紧随其后的大雨尚未落下，而地面上的植被又异常干燥时，火灾尤其容易发生。火灾的发生频率和规模很大程度上是由局部因素决定的。在热带雨林，几乎一切物体都因为太潮湿而无法被点燃，但在半干旱的草原区，火灾的发生非常频繁，乔木物种因此都有了耐火的特性。温带的树林和森林，它们在每一个夏季里都要面对火灾的风险，尤其是在"火险天气"中。

　　古人类与自然火的相遇会在何时开始呢？从逻辑上讲，它应该发生在古人类开始在更广阔的环境中搜寻食物的时候，并且这个环境中存在经常性的大火。石制工具显示，这样的觅食范围出现在 200 万～260 万年前，彼时，人类栖息环境中火的存在是确定无疑的。现如今，我们可以在 20 公里以外观察到的火灾事故都时有发生，无论是夜晚还是白昼（见图 4-7 和图 4-8）。

图 4-7　森林火灾

　　这片地域的森林大火非常容易察觉。这场大火的观察点在肯尼亚的基洛姆博，距离事故地大约有 15 公里远，火光在夜晚依旧清晰可辨。在低纬度地区，自然大火是生活里的一个特色，我们最早的祖先定然已经对它们习以为常了。

　　现代人的牙齿仍旧反映出某些饮食上的变化，它们与过去一脉相承：我们的臼齿尤其展现出了能够研磨坚硬、强韧食物的特性。我们的门齿并不突出，因为食物的预加工被转交给了刀子这样的工具。这些变化最早可能发生在什么时候呢？有一项发现给予我们一些线索：来自格鲁吉亚德马尼西的一块早期人属的颅骨，其历史有 170 万年，除了下颚上的一颗牙齿外，它再没有其他牙齿。牙窝洞的愈合情况表明，这个"老掉牙"的家伙可能又生存了数年时间。这当然只能是因为他的食物都已经得到了充分的加工，而且他很可能是某个社群中由他人提供支援的特殊个体。

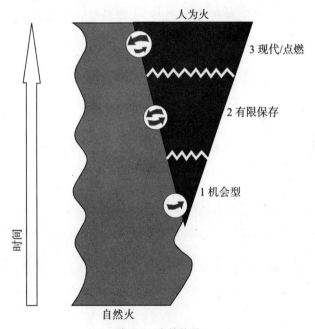

图 4-8　火的使用

火的使用源自与自然（野外）火的接触。这三个阶段得到了普遍的认可，每一阶段都显示了古人类对于这一重要科技的掌控程度。

这是否意味着火的使用也可以追溯至如此久远呢？我们在德马尼西并没有发现任何证据。一个必须认真对待的问题是，至此，早期人类似乎已经扩张到整个旧大陆——从非洲至格鲁吉亚、中国以及爪哇；而他们的脑容量却并没有变得更大，正如2013年公布的一颗颅骨所显示的那样。这样的地理分布意味着，人类大面积扩张的根源也许可以追溯到对火的任意掌控之前。

尽管如此，理查德·兰厄姆及其同事却认为，火在早期便有了重大影响。他们已经发表证据证明，古人类只有通过改变饮食结构，尤其是学习烹煮肉食和碳水化合物的技术，才能生活在稀树草原，并度过干燥的季节。他们指出，所有的现代人类都需要烹饪食物，否则，人类的健康状况将急剧恶化。

当然，在170万年前，古人类脑容量增大50%这一过程是需要一些刺激因素的。一个更多支持的社交世界，使得饮食质量的提高成为可能，进而实现脑容量的增大，仅仅是这样简单吗？一些重大的饮食问题必须得到解决，否则，人属不可能在没有早期巨型齿的情况下生存。人类大脑的发育出现在生命早期，核心因素是哺乳期母亲的健康程度，以及早断奶并摄入高品质食物的能力。

德马尼西的那位老人再次表明，食物准备的问题已经得到解决。但它究竟是依赖火，还是依赖社会协作和对食物的精心处理呢？2013

年，约翰·格列特和理查德·兰厄姆共同撰写了一篇论文，竭力去
填补这两种观点间的鸿沟。他们两人都相信，火在很早便投入了使
用。但同其他方面的演变一样，对我们而言，最难想象的部分是那
些不同于现代人的适应形式因为其手法和行为不允许我们做简单的
类比。

火的考古学证据指向一个慢热的过程。阻碍在于，考古学家必须
寻找证据，且这些证据不能是关于控制火的迹象的。在晚期的考古遗
迹中，居民地的炉灶非常常见，随着我们对过去的回溯，发现也逐步
稀少。有时，事件间的裂隙是如此巨大，它提醒我们过度阐释必须慎
之又慎。这些也表明，大多数用火遗迹根本就没有保存完好，即便是
在我们知道火的使用已经颇具规模许久之后。

最古老的、可以表征火炉特征的用火痕迹来自东非的三处遗址，
即切苏旺加、库比福勒和盖地博。三处遗址的发现经常被引用，但又
经常被摒弃为非结论性资料。至少在库比福勒和盖地博，火迹得到了
证实，其离散性非常明显。在切苏旺加，火迹也被证明处在现代篝火
的温度范围里。缺失的关键点可以称为"三角剖分"。如果我们能够
证明少量的人工制品被灼烧过，或距离火迹处最近的骨头被烧焦了，
那会带来三角形支撑性的相互连接的证据。倘若如此，我们就能够证
明燃烧只出现在局部。

下一组证据源自 70 万～90 万年前，分布点自南非一直延伸到黑海边上的博加提里。其中最负盛名的是以色列的盖谢尔贝诺特雅各布。大约 70 万年前，当地的人类扎营在一座小湖边。遗址处的火迹与人类的联系令人信服，因为它发生在多个层面上，灼烧过的燧石碎片显示出似乎是"炉灶残迹"的存在。

来自北美洲森林的研究资料表明，雷击火通常出现在山脊处：重复性的燃烧事件濒临水源，就像盖谢尔贝诺特雅各布的情况，这与人类的活动模式更加相符。南非的两处遗迹位于洞穴中，且都有 80 万～100 万年的历史。在斯瓦特克郎斯洞穴，烧焦了的骨头碎片被发现位于不同的三段层位，其中的一些还带有屠宰的痕迹。

在旺德沃克洞穴，一整个地质层位都布满了火烧证据。微观地层学的研究表明，这些与鸟粪火的特征并不吻合。这两处遗址合力证明了人类对火的掌控，它们也与其他一些证据相符，在斯瓦特克郎斯和另外一个洞穴马卡潘斯盖的较低地层，研究者发现了许多南方古猿的残骸。

在这之后，石制工具显示有古人类居住在那里，人属残骸的数量却非常少。我们可以推断，人属在面对捕食者时要更加从容。使洞穴更加安全的关键，就是对火的使用（见图 4-9）。

图 4-9　火的使用

最晚在 40 万年前（也许还要早许多），火成为社会及经济活动的焦点。火可以延长人类的社会活动时间，可以在肠道退化的情况下烘焙食物，为发达的大脑供给营养，它的重要性毋庸赘言。

如果所有这些证据都可以被质疑，那么，在西欧、中东以及非洲的一系列约 40 万年历史的遗址，最终给予了考古学家们必须确定的东西。德国的舍宁根以其保存完好的木制长矛而闻名，依据其发掘者哈特穆特·蒂姆（Hartmut Thieme）的说法，此地还拥有火炉和一根被遗弃的、部分烧毁的木棍。这根木棍提供了最苛刻标准下的人类用火的确凿证据。我们无法确认是否曾有一块肉排被置于木棍的末端烘烤过，但其他所有方面的证据都是无可辩驳的。在英格兰东部的比其斯深洞，火炉同样得到了保存。燧石的重组揭示出了这样一个故事：一个人曾坐在火边，试图从一块大燧石石核上打制出一把手斧。敲打的次数超过了 30 下。其中有两块石片向前落入火中，被烧成了亮红色，

205

而其余的则没有改变。

比其斯深洞特别具有启发意义，它表明不同范畴的活动围绕火汇聚在一起的方式。这是最早的范例，也是随着时间的推移我们愈发容易看到的事情。类似比其斯深洞的大型篝火，每天需要消耗 50～100 千克的木材，这有力地推进了劳动分工的出现。它们表明，时间的再组织已经发生（见图 4-10）。

自社会脑的角度考察，火给予我们的启发要更为深远。对生活在北方和极南地区的古人类来说，一个显著的不利条件就是冬季短暂的白昼。这里存在着一个能量的缺口：可以觅食的日照时间更少，而对能量的需求却更大。简言之，原本 12～14 小时的日间活动、2000 卡路里的能量需求，将会被 7～8 小时的日间活动、3000 或 4000 卡路里的能量需求所取代。人类通常在经过短时间的集中准备后，开始进食，往往共同分担这些活动。

格林·艾萨克将这种食物共享行为视为人类进化的主要驱动力之一。事实上，黑猩猩有时也会分享食物，但它们不会集体准备餐饭。在向这种模式转变的过程中，在日常事务的根基重建过程中，火似乎就扮演了一个举足轻重的角色。在我们的昼夜节律中，我们可以找到进一步证据：人类的睡眠时间只有短短的 8 小时，机敏峰值出现在傍晚时刻，而这恰恰就在猿类准备入睡的时候。

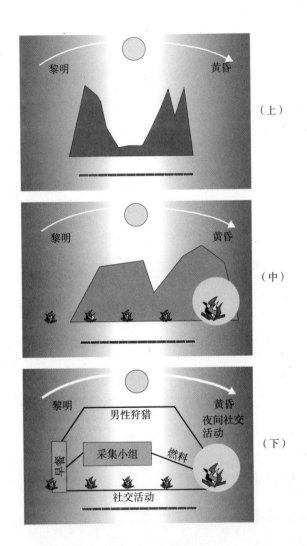

图 4-10 时间的再组织

　　上：生物学家乔治·夏勒（George Schaller）所记录的大猩猩一天的活动时间。大猩猩的一天受限于日照时长，且主要由觅食活动（被午觉所隔开）组成。中：人类的活动时间更长了，其中最机敏的时刻出现在傍晚，而火的利用带来了额外的社交时间。下：火已经成为狩猎者和采集者日常分散模式的特征因素。条状比例尺表示热带的近似日照时间（06:00～18:00）。

正是火延长了社交活动的时间，改变了准备和进食餐饭的模式，刺激了劳动分工，并最终使人类从中受益。火催生了劳动分工以改进效率，提高了食物的热量回报，给予人类温暖，并使人类免遭捕食者的侵害。

一个颇受关注的问题是，火是否已经被普遍采用，或者说，是否某些区域比其他区域更青睐于用火。考古学家威尔·罗布洛克斯和保拉·维拉认为，一开始时，火并没有在北方得到广泛使用。火在热带地区率先被认识和掌控，而非北部高纬度地区，这有可能吗？这一观点有些古怪，因为寒冷的气候会放大对火的需求，尤其是在冬季，这是不言自明的，然而，相关的用火证据却十分匮乏，这一点令人费解。

在比里牛斯山的阿拉戈洞穴，有一些驯鹿在50多万年前被屠杀，但它们的骨头却并没有被烧过，此外，这里也没有炉火遗迹。似乎存在两种可能：第一，火只能在特定地区使用，燃料和住所要一应俱全，关于这种情况，我们也许最终会找到证据；第二，人类对火的掌控水平不足，无法真正去依赖它，在寒冷的天气下，如果因为缺乏闪电而无法重新点燃火焰，那么，对火的依赖就是一件异常危险的事（类似的危险因素同样适用于某些现代工业）。为了确保在需要的时候能够从他人处取得火种，一个强大的社会网络必须建立起来。当人们被迫生活在低密度区域时，社会网络的力量尤其重要。在露西课题深入开展的过程中，马特·格罗夫借助数学模型证实，正是这些因素会强烈地影响到稀疏散布在严酷的北部高纬度地区生活的人类。

语言，闲谈、思考与猜想的硬性证据

一旦能够看到人们在炉边开展活动，我们就会很容易想起沟通和对话。语言难道是我们早期存在的一部分吗？语言在久远的过去塑造了人类的进化吗？长期以来，语言学家、考古学家以及人类学家都被这一重大问题所困扰。他们的观点至今分歧严重。一些学者相信，语言起源于 200 万年前；然而，对另外一些人来说，语言不过是符号革命的产物，正如大约 5 万年前的艺术大爆炸所见证的那样。

我们社会生活的经验是思考依赖语言。那么，社会脑理论可以帮助我们解答语言起源这一长期难题吗？我们相信可以。对言说的时间进程的洞察，就是社会脑理论的主要贡献之一。但首先，让我们来审视一些硬性证据。为了言说，为了使用语言，古人类至少需要具备以下条件：

● 能够处理语言观念的大脑，尤其是语法。语法是一种简略的描述，实质是指人类理解用以描述和讨论事物及概念的复杂语音代换，无论现在、过去还是将来。

● 声道能够精确控制呼吸，以发出声音和控制语速。

● 一些事情拥有言说的价值，足以回报大脑及喉头再设计的进化努力。

　　第一个条件很难探究，分歧也最为严重。通过古人类大脑样本的内部铸模，颅腔模型给予了我们一些线索，尽管其中的大部分细节已经消失，解读它们就像是在观察一张蒙着面纱的脸。古人类学家拉尔夫·霍洛韦（Ralph Holloway）、菲利普·托拜厄斯、迪安·福尔克（Dean Falk）以及其他一些研究者，已经论证了南方古猿大脑功能重组过程，而与之相对比照的就是猿类。某些南方古猿的颅骨显示出了大脑偏侧化的迹象，这可能与工具使用和偏手性有关，但也可能指向了语言的起源，具体可以参见下文的专栏。

　　即便如此，大脑似乎并没有因语言而经受任何根本性的再建构。尽管一些研究人员认为，基于颅腔模型，尤其是名为月状沟的沟缝位置对比，南方古猿与人属之间的大脑各部分面积比例存在变化。

　　第二个条件言语生成的机制仅仅是稍微易于研究一些。言语要求对肺部气流精确到毫秒的把控。肯尼亚的纳利奥克托米有一具保存完好的直立人男孩骸骨，距今已经有 150 万年，他为我们提供了可靠的反面证据。古人类学家安娜·梅钦（Anna Machin）证实，男孩缺少脊椎神经孔的变化，而这种变化对言说来说必不可少。纳利奥克托米人可以发出声音，但他无法像人类那样控制言语。他无法在一次呼吸中说出较长的词组，并以简短的呼吸做出停顿，而这恰恰是人类打散言语模式并赋予其意义的方式。

大脑偏侧化、偏手性以及语言

大脑偏侧化是指大脑的两个半球分别执行不同的功能。偏手性就是典型的例子。大多数现代人要么是完全惯用左手，要么是完全惯用右手。在世界范围内，右利手个体和左利手个体的比例大约为 85∶15，而这种区分是人类所特有的。

偏手性当然是受基因控制的，尽管，一些错误的文化传统会打压左利手行为，进而轻微地影响到基因的表达。由于人脑中存在的古老的神经交叉，控制右手的恰恰是大脑的左半球。主视眼通常与优势手相匹配，而且个体也可能存在右利脚或左利脚。

偏手性可能是源自大脑专注于复杂任务的需求。将任务分配给两只手和两个半脑也许会是一项太严苛的要求，因为它要求以毫秒记时的快速反应。这并不是说，我们不能在较低的水平上向两只手分派任务。例如，用铁锹挖坑或挥舞一根长棍。黑猩猩同样善于做这样的任务，与人类一样，对特定的任务黑猩猩也有特定的偏好手。

整体而言，语言也只存在于大脑的一个半球——通常是右利手人的左侧半脑，但并不一定就是左利手人的右侧半脑。所有这些都导向了一个略为棘手的难题——除了探究现代人类身上正在发生的事情以外，我们还要搭建出一个进化的框架。

偏手性是比较易于阐明的一部分，因为它的存在可以追溯至过去。岩石加工过程中的敲击动作，反映出右利手或左利手的工作模式；而特定形状的工具，其切削刃也可能冲着某一偏好的方向。

所有开展至今的重大研究都强烈暗示出种群整体的右利手特性，无论是现代人类、尼安德特人还是早期人属。语言更能引起人们的兴趣，但它的偏侧化要更为复杂。在某些化石古人类的颅腔模型中，大脑细微的局部不对称是可以测明的。对布洛卡区和韦尼克区的演变的认识表明，语言的产生可以追溯至早期人属。

即便如此，这一观点远没有偏手性那么确凿无疑。偏手性本身也并不必然意味着语言的存在。它可能的确指明了要求专注的工艺程序的特化作用，这些已经被拥有超过 200 万年历史的工具所证明。

这些发现让纳利奥克托米人的发现者艾伦·沃克（Alan Walker）确信，这个男孩是没有语言的。但据称，180 万年前德马尼西的更为古老的格鲁吉亚人遗骸，却有着与现代人极为相似的呼吸控制方式。然而，为了得到确凿的解剖学证据，我们必须跨越更广阔的时间尺度，去探究另外一处大名鼎鼎的遗址。

西玛德罗斯赫索斯是西班牙北部阿塔普埃卡洞穴的复杂遗迹的一部分。一些来自该区域的脑颅骨保存得非常完好，甚至连骨性耳道都留存了下来。骨性耳道是外耳的硬质外壳，它具有调谐作用，能够提高声音频率，而这是黑猩猩所不具备的。不幸的是，这些样本的存活年代并没有获得研究者的一致认可。

不过，研究者普遍认为，他们身处自海德堡人至尼安德特人的进化轨迹上——至多有 50 万年历史，最少也有 25 万年历史。即便最少的这个数字是正确的，他们也无疑是尼安德特人的祖先。这就意味着尼安德特人和现代人都具备这种语音特征。因此，要么是尼安德特人和现代人各自将这种特征进化了出来，要么是两者的共同祖先本身就具备这种特征，而这个共同祖先要追溯到 50 多万年以前。

近期，遗传学家自尼安德特人的化石骨骼中获取了 DNA，并分离和公布了他们的基因组。结果显示，我们的祖先与尼安德特人仅仅是在 40 万年前才分道扬镳的。在许多方面，我们都曾是身处同一条进化路径之上，但在某个时刻，重大差异出现了。

解剖记录中缺少明显的新特性，这促使一些人开始认为，语言在很大程度上可能是一种习得之物，甚至是一种单一突变的意外产物，而突变的历史也许还不足 5 万年。这种解释似乎并不可靠。基因学研究表明，一些现代人群体早在 5 万年前就已经各自踏上了不同的道路，但是，我们在本质上是相同的，并且都以同一种方式使用语言。有一个基因可以为我们提供一些线索，那就是 FOXP2。

许多物种身上都携带 FOXP2，FOXP2 一般都非常"保守"，在过去的数百万年里，它的变化微乎其微。但人类身上的 FOXP2 却是例外。FOXP2 并不是语言基因，而是对语言至关重要的基因。在我们的谱系中，已经存在几个关键性的基因突变，而如果 FOXP2 因突变而失效的话，我们的语言能力就会丧失。

对尼安德特人基因组的复原证实，他们同样拥有现代版本的 FOXP2。在这种情况下，我们的现代版 FOXP2 应该是由更早先的自然选择过程所塑造的，最晚也要追溯到 40 万年前，存在于现代人与尼安德特人的一位共同祖先身上。

社会脑理论认为，脑容量在更新世的大幅度增长与社群规模的改变相关。而社群规模在很大程度上决定了我们对语言的需求。脑容量的改变是逐步发生的，语言的进化也很有可能是渐进式的。这阐明了我们观点的笨拙之处：我们往往将语言视为非存在即缺失，这也正如我们所看到的那样，许多人都将火视为非有即无。

在语言这个问题上，焦点在于我们和尼安德特人会谈论些什么。一个最常见的错误就是假定语言是我们现在使用的形式，要知道，尼安德特人完全有可能使用一种不同的言说方式来描绘他们自己的世界观，而这种方式对我们来说可能是既古怪又陌生的。

总体上说，语言的硬性证据是不完整的，也往往存在多种阐释方法。然而，在纳利奥克托米和西玛德罗斯赫索斯的古人类之间，喉头和大脑的进化已经使得某种形式的语言成为可能。语言究竟产生在距今 150 万～50 万年前的哪个具体时刻呢？社会脑的研究能够帮助我们找到答案。

社会脑的证据最终脱身于解剖学。脑容量的增长，特别是大脑新皮质的增长，在整个旧石器时代都是异常明显的。大脑新皮质的增长允许我们对社群规模做出预测。这意味着，由于社交网络中人员数量更为庞大，900 毫升脑容量的古人类必须比 400 毫升脑容量的古人类花费双倍的时间在相互梳毛上。这些数字极力暗示着，最晚在 50 万年前或者更早，社会性梳毛的替代交流模式成为一种迫切需求。这也正是罗宾·邓巴在《梳毛、八卦及语言的进化》（*Grooming, Gossip and the Evolution of Language*）一书中所阐述过的。

在早前的一篇论文中，莱斯利·艾洛表示，随着互动伙伴的增多，个体可利用的时间会被极大压缩，最终这种压力会催生交流方式的彻底变革。一种解决方法可能是借助火来延长社会活动的时间，在夜幕落下之后，将一些社交意义上的空载时间利用起来。我们相信这的确发生了，但它只不过是部分解决方案。在某个时刻，古人类必须舍弃梳毛这一社会伙伴间的主要互动方式。在原本属于梳毛的位置，我们发现了一种语音梳毛的形式，但它并不必然就是我们起初所认识的那种语言。事实上，即便是现在，人类也因保留了多种交流系统而独树一帜，例如肢体语言、惊叫、笑声和口语。事实上，笑对语言的进化可能是非常重要的。

语音梳毛的最大优势在于它提高了交流效率。语音梳毛不再依赖抚摸及梳毛来刺激阿片肽分泌。借助语音交流，个体可以在用声音唤起听众的同时，将指尖梳毛保留给社交网络中最亲密的个体。利用歌唱和吟诵，基本的语音梳毛同样也可以在包含细微差别的情况下被放大。这可能还会需要群体活动，如仪式、舞蹈、音乐创作、欢笑以及哭泣的支持。

那么，古人类都会谈论些什么呢？答案很简单，他们谈论彼此。人类是为八卦而生的，我们有理由相信，50万年或更早前的人类与我们相同。语言是我们向他人学习，影响他人参与我们社交计划的传统方式。其中涉及的问题可能非常平凡，例如，决定吃什么以及和谁一起吃。当然，一旦语言变得可用，它也会有助于觅食活动，并潜在地改变社会学习程序，比如如何做一件事，以及为何这样做。语言还会成为意识形态的工具，并最终使得成千上万的人追随特定的政治观念和宗教信条。

笑声

笑是我们与类人猿所共有的，尤其是黑猩猩。尽管笑的形式在人类的身上被夸大了，但对猿类而言，笑在本质上是一种游戏发声，它脱身于典型的灵长目动物的游戏邀请。猿类的笑由一系列呼气/吸气的交替过程组成，其产生基础是自然的呼吸周期。

人类的笑由一系列的呼气过程组成，直到肺部被清空前，不会涉及吸气过程。这种保持漫长呼气过程的能力是人类所特有的，其生理结构的基础是两足行走。

在移动的过程中，诸如猴子和猿类这样的四足动物，它们总会有一只肩膀承担起身体的重量，进而卡住胸壁。这意味着在每个行走周期里，猿类和猴子都只够呼吸一次。

人类与此不同，人类的双臂并不需要承担重量，因此人类能够将呼吸过程与步行周期分离。在之后的言语进化过程中，这一点尤为重要，因为言语同样要求长时间的、不间断的呼气。否则，我们所说出的每一个句子都会只有一个单词。

笑具有强烈的社会性和高度的感染性。如果在一起的其他几个人都笑了，你将很难不去一同发笑，尽管你也许根本就没有听到那个笑话。我们猜测，早在语言演变产生之前，笑也许就已经作为一种无言的合唱而存在了。

如果在人属起源之初，人类的笑声是演变自猿类的笑声，那么，笑很可能有效地增加了社群的规模，因为社群的规模是借助内啡肽联结机制来维持的。

事实上，笑促成了一种"远距离梳毛"的形式，使得早期人属能够克服社群规模的限制，在笑声形成之前，社会性梳毛只能一对一地进行。事实上，笑成就了一对众多的梳毛关系，至少也是一对多个的梳毛关系。

这里的关键问题在于，一个典型的"笑声群体"究竟有着怎样的规模。我们倾向于从单口相声的角度来理解笑声一词，单口相声和形式就是一位相声演员和一群捧腹大笑的观众。当纪尧姆·德泽凯什（Guillaume Dezecache）在酒吧收集此课题的数据时，他发现笑声群体的规模限制接近于交谈群体，与社群中恰巧存在的人员数量无关。

交谈群体有一个为数4人的自然上限，罗宾·邓巴在多年前已经证明了这一点，而笑声群体的自然人数上限似乎是3人左右。这比我们预想的要小得多，但它也指明了欢笑行为的亲密性。脱口秀俱乐部的场面可能给我们留下了错误的印象，让我们误以为一群人可以在一起开怀大笑。

实际上，随机的观察表明，脱口秀俱乐部的全体观众中只有很少的几个人会一起发笑：相反地，观众群中存在有小片区域的笑声，那通常是由少数个体诱导出来的，并在这些个体邻近区域形成一个笑声的人浪。然而，这种效果很快就会消散，哄笑声不会传播得太远。

笑声三人组有效地将梳毛组的规模扩大了两倍：我只能够一次用指尖来为一个同伴梳毛，但我却可以同时让两个人发笑，因为我总是会先逗笑自己，事实上是有3个人同时获得了内啡肽效应。梳毛小组大小与社会团体规模之间并不存在直接关系，但梳毛组规模扩大两倍的事实使社群规模增大一倍成为可能，因为后者正是由梳毛机制所支撑的。将社群规模从50人扩大到100人，这正是从南方古猿到匠人/直立人的终结时期所发生的事情。

心理化的技能依托于心智理论的概念，它囊括了哲学家称之为"意向性等级"的内容，其中，每一水平或等级的意向性都代表有一个额外的心思被添加到了序列里（见表4-2）。

表 4-2　意向性等级及其实现者

意向性等级	实现者	示例
第六阶	只有少量的现代人	复杂的象征意义
第五阶	我们已知的拥有语言的现代人	神话和故事的复杂性不断增加，其中涉及真实和想象的世界，以及这些世界中的人物
第四阶	海德堡人和尼安德特人	涉及某些人物和先祖的共同宗教信仰
第三阶	所有头脑发达的人族（脑容量＞900毫升）	你知道他信仰我所不信仰之物
第二阶（心智理论）	5岁的儿童，所有脑力有限的人族（脑容量400～900毫升）以及可能的类人猿	我能洞悉你的信仰
第一阶	猴子、小型猿类以及某些哺乳动物，如大象和海豚	以在镜子中认出自己为标准的自我意识；对于某物的观念

在这个序列中，心智理论（或称第二阶意向性）代表了一个关

键的分界线，这是一种能力，意识到另一个个体拥有与自己相似的心思，能够信仰自己所相信的事物。此处，我们必须要面对的问题是，心智理论是否能够在没有语言的情况下产生？露西课题的博士生杰姆斯·科尔研究了这一问题，并找寻了相关的考古学证据。

语言起源的关键，似乎是我们思考和反省自身的能力（见表4-2）。许多动物都拥有自我意识。黑猩猩和大象能够认出镜子中的自己；猫和狗却都不能。只有人类和一些受到良好教导的圈养黑猩猩能够达成第二阶意向性（即认识到另一个人的心思）。狗也许是一个例外。当狗感到你很悲痛时，它会来到你跟前，坐在你的脚下。认为狗能够理解人类心思的想法，是否将其拟人化了呢？

丹尼尔·丹尼特在其大名鼎鼎的著作《动物心智》（*Animal Mind*）中指出，狗的社会化如今已经达到了一个例外程度。由阿舍利手斧制造者与黑猩猩的脑容量对比来看，从他们的人工制品的复杂程度，以及他们的地区社会性活动模式来考察，这些工具制造者似乎已经达到了更高等级的意向性，也许是第三阶意向性。

科尔认为，手斧制造者不太可能掌握基于语法的语言，以及符号的复合使用方法。然而，正如约翰·格列特所做的那样，我们可以充分论证，手斧中反复出现的概念可能指向了语言特征的早期标记或索引。在工具制造者之间，大量的信息以某种方式被传递。手斧所涉及的复杂设计，要求制造者拥有心理概览，因为制造者必须依据时间顺序整合制作步骤，我们可以推断存在一种作业语法。必然存在某种形式的交流是以密切关注他人和运用视觉线索为核心的。声音似乎也已经被用来引导注意力和表达情绪，就像在猴子和猿类身上发生的那样。

我们可以向上追踪至第五级意向性，这也是现代人能够普遍达到的意向性。第三阶意向性标记了走向语言的一步。相同的心理化论据不仅可以应用到手斧上，还适用于复合工具。

这种应用到科技上的推理方式，与人类更为新近的实践相似，如制造普遍的亲属类属，称"叔叔"或"阿姨"，并将其应用于没有关系的人，使得他们变成"我们"而不再是"他们"。普遍的亲属称谓是一种社会化技能，人类学家艾伦·巴纳德认为，它在人族先辈中根深蒂固。亲属称谓使得无法自然产生的（即遗传关系的）社会类属被责任网络结构创建起来，以满足生存需求。

课题成员艾莉·皮尔斯（Ellie Pearce）分析了尼安德特人和早期人类的脑容量，结果清晰地表明，即便尼安德特人拥有语言，那种语言也不可能是完全现代式的。他们只能够运用第四阶意向性，这意味着他们的语言的复杂性将会大打折扣。

最高等级的意向性可以视为由神话、传说和先祖构成的世界。这种社交世界的拓展，允许我们去实现多种形式的意向性。我们认为，第四阶意向性所蕴含的技能反映了应对缺席和分离的新能力，它们使得社会生活可以持续存在。这样的缺席者可能是在冥世，也可能是在海外或者房间外。物资在很远的距离被移动或交换，身体和物品被装饰成特定的样式，以符合认知中广泛地域里人们行为的表现形式，这些情况都在表明人类存在一种能力：我们可以持续关注人们的思考，即便我们不会每天都看到他们。

因此，对我们所提问题的回答是：如果一位古人类将要拥有超过第二阶意向性和正式的心智理论，那么，某种形式的语言会是必要的（不一定是言语）。然而，正如查姆斯·科尔所指出的那样，在确定古人类的心理化水平问题上，我们不应该太死板。在工具制造上，黑猩猩表现出了相当大的地区差异，很早前沃尔夫冈·苛勒（Wolfgang Köhler）的开创性工作就告诉我们，黑猩猩的视力存在巨大的个体差异。我们没有理由去假定，人族的种群不会出现相似的差异。你不能断定，像直立人这样分布广泛的物种在掌握第三阶意向性后，只会且永远处于这一等级。毕竟，我们已经见证，阿舍利文化是由脑容量大小各异的人族共同创造的。而无论是否拥有言语，他们都已经在削凿中走向了不朽。

化石证据表明，距今200万～50万年前这段时期，由于合作伙伴的增加，社群规模在不断扩大。作为旁观者，我们还看到人族长期的基本转变在于其进一步拓展了空间和时间的范畴。社会的规模正在不断扩大，这些都发生在 200 万年前。交流效率的提高必须回溯至今，这一点也体现在心智理论中。如果语言没有在大脑中留下重大痕迹，且偏侧化导致的不对称性也不足以证明重大变革，那么，我们至少可以肯定，必要的系统已经安装就位了。

- 解剖结构的投入产出。

- 社会脑方程。

- 扩张的地域需求。

- 工具中的概念集。

在这 150 万年间，早期人类无疑承受了巨大的选择压力。当考虑到更复杂的观念集和互动时，你将会发现需要存在一个推动良好沟通的驱动力。所有这些都有助于一种长期且缓慢的演变：语言形式的交流在不断增加，社会脑理论告诉我们，洞察他人心理能够让我们获得优势。这一点在增加意向性等级方面已经得到表达。

在本章中，我们将重点放在了 3 项关键的社会技能：转变、交流和注意。这 3 项技能既适用于他人和物品，也适用于物质和感官。后两者是社会联结得以形成的资源。50 万年后，我们头脑发达的祖先强化了这 3 项技能，而现在，我们将会转向他们的故事。是时候见识一下海德堡人，以及他们狡猾的后裔——我们自己和尼安德特人了。

THINKING BIG

HOW THE EVOLUTION OF SOCIAL LIFE SHAPED THE HUMAN MIND

05

头脑发达的
祖先

大型社会要求更为强烈的信号。

- 物质和感觉体验不需要协同进化。

- 从人族到人类的 3 项共同特征：1. 音乐和情绪；
  2. 亲属关系和心理化；3. 宗教和讲故事。

- 联结和社会责任变得更为复杂。

科技增量，大脑扩容

在露西课题进行的过程中，始终让我们苦思不解的考古学难题是，这些头脑发达的古人类太过缺乏创新。直到距今 5 万年前，也就是在海德堡人出现 80 万年后，一系列的人工制品才能勉强被贴上艺术或装饰品的标签，并在世界范围内传播开来。非洲存在一些初期艺术品，如在好望角和摩洛哥发现的简单的贝壳珠，但直到很久以后，初期艺术品才开始在世界的其他地方蔓延开来。

总之，艺术品的到来是在脑容量增大许久之后才发生的事。发达而又消耗不菲的大脑理应直接影响到工具设计吗？它能够通过探索更高等级的意向性，使人类获得以符号方式使用人工制品的能力吗？至少，脑容量增长影响文化是考古学家一直以来期望发生的事情。因此，难题仍然留在那里：从总体上说，头脑发达、社群组织精密的古人类仍旧在使用旧时的简陋石器。在旧石器科技发展成现代科技的过程中，为什么人类没有耗费更少的时间？

此时，我们才恍然大悟。我们对技术和文化的变革早已习以为常。技术的变革先于我们而存在。但作为智人，我们的脑容量都是相同的。例如，位于埃塞俄比亚赫托的智人，他们在 16 万年前创造的文明被考古学家称为"旧石器时代早期科技"。在此期间，我们看到的是一个科技增量的过程。我们将这种增量比作调高耳机的音量。文化事物以及创造文化事物的科技的差异性和多样性，可以用来衡量这种增量过程。

布莱恩·费根（Brian Fagan）在其著作《世界古代 70 大奥秘》（*The Seventy Great Inventions of the Ancient World*）中为我们提供了一个很好的范例。费根的研究始于 200 多万年前的石制工具，终于 1400 年前的避孕及催情药物。在这次对历史的细腻审视中，我们发现，像陶器这样的普通物品的种类之繁多是最令人惊异的，与此同时，文化类目的种类也随着石制工具向金属器具的过渡而日渐增多。

正是这种增量过程给予我们绝对多样化的物质产品，也正是借助这些产品，我们推动社会生活不断向前。甚至早在 30 万年前，正如考古学家拉里·巴勒姆（Larry Barham）所指出的那样，被装上了木柄的石器成为历史上第一批复合工具，从中我们看到了科技的增量。与数千个零件组装而成的汽车或超市中出售的形形色色的商品相比，装上木柄的石器也许微不足道。然而，就其所处的时代而言，它代表了科技的增量过程。它同时也提醒我们，来自赫托的手斧使用者不能够被贬低为无技术变革的古人类。

但是，还有哪些变化发生了呢？这里，我们再一次弄清了原委。社会生活并不仅仅包含人工制品（如殉葬物）和赋予其特定形式的人造环境。就社会脑理论而言，社会生活意味着二联体之间的互动，如母亲和她的孩子。从这个层面上讲，社会生活的内涵是建立持久的联结。我们的情绪是其中一个核心资源，情绪使这样的联结稳固。利用心理化的技能，我们将求生情绪（如恐惧）转变成复杂的社会情绪（如贪婪）。在这里，辨别他人情绪的认知技能，有助于增强我们对正在发生之事的理解。

无论是否使用科技，情绪都能够借助放大效应使自身更趋强烈，而科技所依赖的恰恰是另外一种核心资源——物质。音乐就是一个很好的例子：无论是独自唱歌，还是同他人组成一支乐团，都可以享受音乐。放大效应的结果就是情绪的改变，以及社会互动的加强。我们需要这种过程发生，因为随着群体规模的增大，强化联结的压力也将进一步上升，更多的合作伙伴需要被吸纳进来。

对于"没有改变"这一考古学难题，我们给出的解释是，类似科技和文化增量的过程在我们的情绪中产生了。在这一章中，我们会讨论在音乐和亲属关系背后，情感联结如何达成，以及宗教在我们的情感和认知发展过程中所扮演的角色。即便没有科技的支持，所有这些主题也都可以发生。特别是新形式的科技，如鼓、香炉、舞厅以及扇形拱顶，赋予了感官更丰富的刺激。感官是情感的基石，音乐和宗教的情感张力因为人类对感官的掌控而被放大。

也许，我们自己是豁然开朗了，但我们怀疑，大多数考古学家并不会认可我们给出的解释。考古学家希望看到情绪强化的物质遗存，否则，他们就不会信服我们的观点。考古学是历史科学而非实验科学，这是他们的研究逻辑。然而，问题在于，这样的极简主义方法让人族之所以为人的故事留下了太多缺憾，最终，我们又返回了原始人心智愚钝的陈词滥调，误认为原始人依靠本能生活在一个社会性贫乏的世界。

我们所知的大多数考古学家仔细审视了证据的分量，他们得出结论，"真正"的人性只是在近古才通过"革命"而产生的。但是，他们的论证方法遵循的是"所见即所得"原则。如果"所见即所得"是正确的，那么他们的方法也不会有什么问题。然而，既然我们已经知道大多数证据都迅速地销匿了，并且，愈是陈旧的便愈是容易消逝，那么我们就理应将这一因素考虑进去。人性远不止于细碎的打制石器、宰割的动物骨骼以及简陋的贝壳项链，这是毋庸置疑的。我们必须找到一个理论体系，它拥有足够的空间，可以容纳其他所有标志性的人类特征，如亲属关系、欢笑、语言、符号运用、音乐以及仪式等。社会脑理论就是这样一个体系，比较研究和跨学科研究的特点赋予了该理论本身足够的包容力。此外，社会脑理论还能够聚焦于这些特征在旧石器时代先辈身上深刻显现的时间。

我们把太多的注意力都放在了这一长期进程的"出现时间"上，却鲜少去询问"为什么会如此"。在这一章中，我们将纠正这一图景。社会脑理论允许我们采用一种不同于大多数研究者的方法，因为它让我们将那些始终在场的核心资源纳入了研究清单，如感觉体验和物质。正是借助这些核心资源，古人类组建了直接且至关重要的社会联结。我们将会看到一些新的社会形态，它们的产生是为了向社会化进程提供支撑。这些社会形态包括社会情绪，如同情和音乐。音乐增强了仪式的肃穆感，而来世的概念也最终成为仪式的一部分。

音乐作用于感官，并用新的方式放大了感觉体验，以产生更为稳固的联结。社会联结因而可以促成更大的社群，在必要时，也允许更长远的分离。而与此同时，用于加强那些至关重要的联结的物质，也为古人类所获得。我们已经强调了复合工具的重大意义。在头脑发达的古人类手中，如海德堡人和尼安德特人，复合工具逐渐变得非常普遍。而在智人的科技体系中，复合工具占据了统治地位。它们整合了多种材料和多套部件，例如多个并联石片形成一把刀的刀刃。这种拼组物体、整合外部元素以制成新工具的爱好，表明古人类构建了一个更为复杂的世界，并栖身其中。这种复杂性一直延伸到了符号和象征。

因此，符号、具象艺术、装饰陈列以及染色材料开始流行起来。最终结果是，人类自身成了一种复合产品：暖衣蔽体、身披甲胄、缀饰珠玉、扎发、喷香、刺青、彩绘；这种复合创新不断增量，进而催生了文化多样性和个体差异性。

从人族到人类的 3 项共同特征

为了确认这些因素如何整合，我们需要对本章开头提到的三种古人类做更为切近的考察。900 毫升的脑容量是我们为头脑发达设定的阈限，到了 50 万年前，古人类已经彻彻底底地跨过了这道门槛。直立人只是刚刚进入头脑发达的低端水平。海德堡人、尼安德特人和智人，这三种关系紧密的亲缘种，才是真正意义上的高智能生物（见表 5-1）。

表 5-1 三种头脑发达的古人类

人种及分布	平均脑容量（毫升）	社群规模理论预测值	年代范围（万年前）
智人（世界各地）	1478	144	20～1.1
尼安德特人（欧亚大陆）	1426	120	30～3
海德堡人（欧洲:斯坦因赫姆、佩特拉罗纳、阿塔普埃卡）	1240	128	60～25
海德堡人（非洲:博多、卡布韦、恩杜图）	1210	126	80～25

考虑到尼安德特人的脑结构因素，他们的社群规模比原本预测值要更小一些。

旧大陆上的一些发现表明，海德堡人这一新人种早在 80 万年前就已出现。古人类学家菲利普·莱特迈尔（Philip Rightmire）发表了一系列论文来探讨这种现象。令人惊讶之处在于，只有极少的标本可供比较研究，在非洲有三四个，欧洲的情况也差不多。在非洲，只有来自埃塞俄比亚博多的脑颅骨年代得到确认，大约是 60 万年前；而非洲南部的卡布韦和埃兰兹方丹的脑颅骨年代则尚未确定。不过，博多脑颅骨 1250 毫升的容量足以表明，至少在部分案例中，非洲人标本的脑容量已经较直立人增加了 200 毫升。20% 的增量将我们带到了现代范围。恩杜图和卡布韦的脑颅骨非常厚重，其穹窿比直立人更高，面部与颚的特征也更加接近现代人。莱特迈尔认为，这一新物种可以被称为海德堡人，因为它们与后来的欧洲标本具有相似性。欧洲标本的存活年代普遍较晚，这也彰显了原始资料的贫乏问题。即便如此，它无疑也表明，在 80 万～120 万年前的中更新世这一新时期的某处，直立人漫长的发展停滞期被打破了，新的进化方向催生了更发达的大脑。

在这片缺失古人类遗骸的广袤土地上，这些仅有的脑颅骨成为后来所有幸存人类的先祖。为了深究这一切，我们必须回归现代智人（我们自身）和尼安德特人（我们的近亲）。尼安德特人留给我们的是大量的疑问和稀疏的发现。然而，基因组学这一全新的知识领域为我们提供了极大的帮助。基因组测序表明，毫无疑问，智人与尼安德特人同根同源，他们共同生活在大约 50 万年前的世界，完美承接了海德堡人的历史（见图 5-1）。

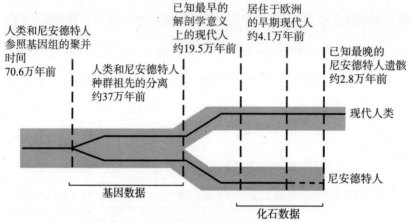

图 5-1　人类种群分支的基因和化石数据

过去的 100 万年间，人类种群分支的基因和化石数据，标注日期必然只是近似值。新近的研究表明，尼安德特人和丹尼索瓦人是姊妹种群，它们的祖先大概在 50 万年前分道扬镳。

对个人社交网络而言，发达的头脑意味着什么呢？我们不能忘记，200 万年前人属的出现是以社群成员数量飙升至 80～100 人为标记的，他们是人属的第一批成员。然而，在此后 150 万年的一大半时间里，社群规模都保持在大致稳定的状态。

接着，大约 80 万年前，最古老的高智能人族海德堡人，自非洲直立人种群中脱颖而出。我们相信，在随后的漫漫岁月里，这促进了脑容量增大和社群规模的持续增长。这些对社会生活向更高的组织化程度发展是至关重要的。北方的海德堡人种群最终演变成了尼安德特人，借助自身独特的结构适应性，尼安德特人适应了高纬度地区的寒冷气候。尼安德特人事实上是一个异常成功的物种，自 20 万年前左右或更早，他们占据了欧洲和西亚的广阔区域，向东直到西伯利亚的边缘。最终，尼安德特人在 3 万年前的某段时期消失了。

尼安德特人的体形敦实、健硕，能够应对高纬度物种必然要面对的热量损失问题，尤其是在冬季。尼安德特人的身体特征赋予了他们更大的力量，使得他们可以发展出对抗性狩猎的生活方式。对抗性狩猎在捕杀庞大鹿群、野牛群和猛犸象群上非常成功，这些动物生活在欧洲南部平原，而欧洲北部则为冰原所覆盖。利用重型长矛，尼安德特人得以与肉质丰厚的大型猎物正面交锋，而富含蛋白的饮食反过来又帮助他们塑造了肌肉结实的身体。

此处蕴藏着一个社会脑问题。如果尼安德特人和智人的脑容量相近，那么，为什么他们在技术水平上会差异巨大？我们的回答是，在很长的一段时期里，尼安德特人和智人的差异可能并不大，直到 10 万年前，尼安德特人拥有他们的南方近亲智人所有的技能和习俗。然而，在某些方面，尼安德特人似乎遭遇了限制或困境。他们穿越欧亚大陆的广泛地带，占据了属于自己的北方领地，然而，他们却从未离开过那片家园，也从未定居在陌生的土地上，没有扩展到低纬度地区和北极圈以内。前往北极圈的冒险，将会开启向东穿过白令大陆桥①的旅程，并最终有进入美洲的可能性。与此形成鲜明对比的是，智人在其全球扩张的进程中，把握住了所有类似的机遇，智人的行程开始于 10 万年前的非洲。为什么尼安德特人和智人后来的发展会截然不同？我们在后文的专栏中提供了一种解释。

对于从人族到人类的转变而言，发达的大脑是必不可少的，但它也并非是唯一的充分条件，与此类似的还有科技。社交世界的构建更接近于事物的核心，其中有一些其他因素是非常重要的，在此，我们将会重点阐述音乐、亲属关系以及宗教的重要性。

1. 音乐和情绪

在前一章中我们已经知道，即便是

① 海平面较低的时期，如水冻结成冰原的冰川时代，一座大陆桥会暴露在西伯利亚与阿拉斯加之间的白令海峡上，将亚洲和美洲相连。

笑这样简单的事情也能增加梳毛组的规模。我们还提出论据证明，在人族进化的初期，语言的作用是解决庞大社群的梳毛问题。事实上，我们认为，语言脱身于笑声。但在此之后，我们再次遭遇无形阻碍。必须有其他的助力，三个头脑发达的古人类种族——海德堡人、尼安德特人和智人，才能将社群规模再次扩大。

这个其他助力就是音乐，或者更确切地说，是歌唱和舞蹈。史蒂芬·米森在其著作《歌唱着的尼安德特人》（*The Singing Neanderthals*）中同样提到了这一点。歌唱和舞蹈促成了自欢笑到言语的转变。这种歌唱会是一种完全无言的合唱，也许它源自集体的欢笑。这种活动的关键是肌肉有节奏且辛勤的劳作。歌唱比言说的要求更加苛刻，而舞蹈当然更是一种体能活动。形式各异的音乐创作是效果良好的内啡肽分泌触发器。我们的实验表明，音乐创作所涉及的体力劳动是极为关键的：被动聆听音乐不会产生相同的效果。

音乐创作含有一种非常重要的附加属性，即它允许一个更大的团体牵涉其中，而这是笑所不具备的。我们并不知道歌唱与舞蹈团体的真实上限，但它无疑超过了3～4名成员组成的笑声群体。然而，关键点在于，音乐活动还包含另外一种属性，它对内啡肽的分泌有重大影响：音乐活动是高度同步化的。与个体的单独活动相比，整齐划一的表演似乎提高了内啡肽的分泌水平。这是放大既有机制以应对社会化问题的完美典范。这同样也解释了，为什么我们会喜欢步调整齐、团结用力地齐声歌唱。

2. 亲属关系和心理化

在人类种群中，亲属关系是一种非常强大的键合力。这是社会存储（social storage）的一个良好范例，责任、联结以及情感纽带都被整齐地放在一个名为"家庭"的盒子里。我们可以不假思索地向家庭成员寻求帮助，同时又只需支出极少的社会资本（social capital）。向好友要求相同之物则会是一种不同的命题。

社会人类学的亲属关系很难从考古资料中觅得。然而，在进化的时间尺度中，我们可以看到一些清晰的线索。人类学家艾伦·巴纳德描述了一种普遍的亲属关系，这种亲属关系让现代狩猎者和采集者能够自由地跨越广阔的区域。在这个例子中，亲属关系超越了紧密的遗传关系。

我们更多的是称呼一位完全陌生的人为"阿姨"或"叔叔"，为的是利用亲属间的习语来建立联结。巴纳德认为，普遍亲缘是亲属关系的最初形式，在过去的 20 万年间，它巩固了所有的人类社会关系，包括解剖学意义上的现代人的社会关系。巴纳德很可能是正确的。但同样地，普遍亲缘的出现也可能是借助于既有联结的发展，且这种联结是纯粹以个体间的基因亲缘性为基础的。

尼安德特人的大眼睛和大脑袋

既然尼安德特人和现代人起源于大约 50 万年前的一位共同祖先，那么，为什么他们之间的差别如此巨大呢？其中的一个原因可能在于，在很长的一段时期里，尼安德特人居住的地方比所有其他人族物种都要更靠北。生活在高纬度地区导致了一个特殊的问题：低光照水平，这在冬季会尤其明显。低光照水平是生活在热带地区的物种所不曾面对的。低光照问题来源于两个因素。

第一，当你从赤道向两极迁徙时，由于地球是圆形的，太阳光需要穿过愈发厚重的大气层。这自然会降低阳光的强度。此外，高纬度地区通常会覆盖更多的云量，尤其是在北半球，这进一步降低了光照水平。

第二，这一点要更为棘手，在靠近两极的区域，气候会表现出更明显的季节性。这是由于地球自转轴相对于公转轨道而言是倾斜的，在北半球的冬季，太阳直射南回归线，而在夏季，太阳直射北回归线。结果是四季分明的一年之中白昼长度的剧烈变化——冬季的白昼时间短，夏季的白昼时间长。生活在高纬度地区的物种必须能够适应漫漫黑夜以及短暂、阴晦的白昼。

对此，常见的进化方案就是增加视网膜眼球后部感光层的面积，从而吸收更多的光线。这与夜视望远镜的原理基本相同，可以让更多的穿过瞳孔的光线聚集在视网膜上。而如果想要更大的视网膜，就必须要有更大的眼球来为其提供依附，这是一个简单的物理学问题。因此，尼安德特人通常有更大的眼睛（比现代人大 20% 左右）。尼安德特人的身上还具有一种辨别性的特征：头部背面的"隆起"。

现代人的颅骨相对来说是圆球状的，但尼安德特人的要更为狭长，且在背面有一个凸出部分。大脑的后部是专门执行视觉处理的区域。以灵长目动物为整体来看，大脑视觉皮质的体积，视觉神经及神经间的各类中继站的体积，以及眼球的体积，都是紧密相关的。

这并不令人意外，因为视觉系统作为一个整体，其组织方式就像一张简单的映射图：视网膜上的每一区域都会映射到视觉皮质承继层的匹配区域。所以，如果有一张巨大的视网膜，大脑中就必须有一个巨大的视觉系统来处理传入的光信号。

因此，倘若尼安德特人有更大的眼球，那么，他们就会有更大的视网膜，以及大脑中更大的视觉皮质。结果就是，尼安德特人以更大的全脑容量来适应这一切，除非他们愿意牺牲大脑中的其他部分来追求更好的视力。

与近亲种智人不同，尼安德特人似乎在大脑的进化上非常保守。换言之，即便尼安德特人全脑容量已经增大，但他们的大脑额叶却始终未变：只有大脑背部的视觉系统区域增大了。其结果是，尼安德特人的社群规模与他们的祖辈大致相当。与之相对的是，尼安德特人的非洲表亲因为某种原因获得了脑容量的功能性增长，并最终催生了现代人。因为这一演变过程发生在热带地区，所以全部的增长都出现在大脑的前额部分。

由于额叶对社群规模的影响似乎非常关键，这也就促使非洲智人的社群规模从早期智人和尼安德特人的 100～120 人增长到我们现在的 150 人。这些人在 7 万年前左右进入了欧亚大陆，为了应对低光照的问题，他们同样也需要调整自己的脑容量。

到了此时，现代人已经增大了自己的社会脑体积，他们最终只是增加了额外的视觉系统，却并没有牺牲额叶或颞叶皮质。

尼安德特人的"隆起"的确是为应对高纬度地区的低光照问题而进化出的适应性特征吗？为了验证这一说法，露西课题的一位研究生艾莉·皮尔斯首先比较

研究了来自不同纬度的现代人类。她测量了颅骨（来自博物馆藏品）中大脑和眼窝的体积，并将这些数据与颅骨所有者居住的纬度相比较。

换言之，来自高纬度地区的人类事实上有着更大的眼球，以及与之相匹配的更大的大脑。然而，皮尔斯根据不同的数据源又证明，个体的视敏度几乎不随纬度的变化而变化。

换言之，随着现代人自赤道向北方（和南方）迁移，他们增加了视觉系统的体积以保持视力的大致不变。也许，尼安德特人栖居北部地区的时机选择太早，以至于未能演变出智人具备的完整的社会脑功能。

　　换言之，开始于 5 万年前的现代人类大进军，是由这次演变所推动的。同时，这次演变让社会关系在空间和时间上延展开成为可能。社会伙伴的缺席不会再切断社会联结，从这个意义上说，这次演变是一种解放。此外，社会联结在亲属关系的文化规则中得到了重塑和加强。我们曾讲述了"进入大学的学生是如何更换了自己的朋友，却维持了家庭关系"的现象。亲属关系的力量战胜了距离和时间，而距离和时间是构建和维持亲密关系的日常需求。那些大一新生是一个缩影，对应于 5 万年前第一批定居于澳大利亚的移民。此问题的解决之道始终是忘记朋友，信任亲属。

　　由亲属关系衍生的远距离亲密关系，同样拓展了引入逝者的可能。在世界范围内，"穿越边界"的能力见证了人类定居于新大陆的壮举。同样地，这种能力也将允许人类踏足一个幻想之地，即冥世及先祖的世界。这一任务对心智理论提出了严苛的要求。意向性等级，或称社会推理步骤，变得极其复杂，因为想象中的人类和存在体（包括神灵和鬼魂）的动机如今必须考虑在内了。

　　"终于明白了，亨利**相信**，仙女教母**想要**他迎娶简，并以此完成他去世的叔叔的遗愿，而非不断**猜测**简**嘀咕**着罗杰**意图**求婚是为挽回家族荣誉的内心声音。"这样的第五阶意向性使得我们的想象以及社会推理异常复杂。它就像是在预见棋盘上的棋子接下来五步的走法。亲属关系令这种心理化过程更加简单了，因为人们并不是作为独立的个体来行动，而是遵循儿子、阿姨、祖父、堂兄这些角色的社会期望来行事的。仙女教母和去世的叔叔也是这个复杂的普遍亲缘关系的一部分，而他们的存在指向了非常高的意向性等级。

心理化能力与脑容量相关，尤其是与额叶体积相关。基于此，我们可以评估不同化石古人类的心理化能力，且更为重要的是，对评估结果的准确性保持相当的信心。评估的结果表明，海德堡人和尼安德特人只能把握第四阶的意向性。对他们的语言和语法复杂性，以及所能讲述故事的复杂性而言，这将会造成明显的限制效应。

相比之下，评估数据表明，解剖学意义上的现代人最早在 20 万年前就掌握了第五阶意向性。这意味着，像赫托人这样的智人，即便只有非常简陋的石器科技，他们都依然具备高超的心理化能力。这也许令人感到意外，但来自赫托的两个颅骨都曾经在肉体死亡后被刻意整饰过。脑颅骨和颚部的切割痕迹表明，它们曾被有意分离关节和脱去皮肉，甚至被打磨和抛光过。伟大的非洲考古学家德斯蒙德·克拉克将此过程形容为修饰。出土于博多更为古老的海德堡人颅骨上也有切割痕迹，但没有被修饰。现在，这些尸体解剖的仪式也许并不契合亨利和仙女教母的故事，但它们的确提供了一种更为复杂的行为的物质痕迹，这种行为是头脑发达的古人类所专擅的。考古学的口头禅，"所见即所得"，遭遇了博多–赫托证据的挑战，而这些证据本身却在社会脑理论的预料之中。

3. 宗教和讲故事

　　头脑发达的古人类所拥有的欢笑、音乐以及之后的完整语言，接通了第三种内啡肽机制：宗教仪式。许多宗教的习俗，诸如禁食和忏悔被精心设计成以使身体承受压力，从而引发内啡肽的激增。然而，明悉自己应该执行这些仪式以及其中的原因，是需要语言的。5万年前左右的宗教应该是萨满式的，时至今日，我们仍旧可以在狩猎－采集群体以及小规模社会中看到这种宗教形式。大卫·路易斯－威廉斯（David Lewis-Williams）在其著作《洞穴中的心智》（*The Mind in the Cave*）中翔实地描绘了这种宗教的特征，他指明了喀拉哈里沙漠的萨满巫师与欧洲旧石器时代晚期艺术中刻画的半人半兽生物之间的相似性（见图5-2）。

图 5-2　南非岩石艺术人物画

它为大卫·路易斯－威廉斯及其同事所阐述的萨满教传统提供了依据。图画揭示了萨满巫师进入灵体世界的想象之旅，这样的旅程必须要有高等的心智理论才能完成。

萨满教是一种基于经验的宗教，而非基于教义的宗教。这类宗教通常不具备神学理论体系，也不牵涉对传统认知上的神的信仰。相反，他们利用音乐和舞蹈来产生迷狂状态，在此期间，巫师会进入半人半兽动物和我们祖先所寄身的灵体世界。在这个世界中，有些灵体危险邪恶，有些则能够担任慈爱的导师。

巫师需要语言和一种蛊惑性的语言能力，好让自己能够描述迷狂状态下在灵体世界的见闻。这些宗教仪式也都是治愈性的，而其原因几乎可以肯定：因为舞蹈引发了内啡肽效应。群体生活会不可避免地带来社会压力，而这种迷狂舞蹈往往能够净化社群中因压力而引发的不良情绪。

在这一部分的叙事中，心理化能力同样起到了直接的关键作用，因为宗教依赖于个体想象另一个灵体世界的能力，这个世界平行于大众经验的日常世界。它最低限度地要求正式的心智理论。然而，仅仅是想象这样的一个世界并不会让个体获得任何益处：要把它变成一种宗教，你就必须能够与他人谈论它，这其中至少涉及你、我和第三者，以及灵体世界中一个或更多的存在（先祖或是神灵）。这就将我们引向了第四阶意向性，这是宗教的最低要求。同时，这很可能意味着头脑发达的尼安德特人拥有对灵体世界的信仰，而现代人更高等级的意向性则使得这种信仰更趋精微繁复。

讲故事是构建大型社群凝聚力的另一个重要机制。在这个情境下，第四阶与第五阶意向性之间的差别将更容易被理解。拥有共同的世界观使古人类能够交流观点和意见，他们可以讨论这个世界是怎样的，或者可能是怎样的。在传统社会中，故事往往就是完成这一过程的媒介。人类起源的故事让我们关注到我们是谁，我们是如何成为以及为什么会成为这个样子，同时，民间故事往往是评估道德困境的载体。我们所能讲述的故事的质素和作为听众能理解的故事，取决于我们所能掌握的意向性等级，这并不仅仅是因为它们决定了语句的复杂程度。就故事的质素而言，第四阶和第五阶意向性之间的差别是非常惊人的。

因此，尽管早期智人和尼安德特人拥有第四阶意向性，个体间能够相互讲述故事，但这些故事的质素不会与解剖学意义上的现代人所讲述的处于同一层次。简言之，在解剖学意义上的现代人出现以前，我们所知的现代文化很可能并不是进化而生的。而解剖学意义上的现代人——智人，出现于 20 万年前左右。即便到了那时，智人仍旧花费了很长一段时间来让所有的要素演变成熟。

情绪联结，社群生活丰富多彩

曾经存在有三种头脑发达的古人类，但似乎只有智人发生了关键性变化。不过，在很长的一段时期里，智人似乎一直保持在一个较低的发展水平。至少，这是许多支持"人类革命"观点的考古学家所认同的。从 1989 年到 2007 年，这些考古学家清晰地表达了自己的观点，保罗·梅拉尔斯、克里斯·斯特林格（Chris Stringer）和凯蒂·波伊尔（Katie Boyle）还将这些观点编辑成册，发表出来。诸如奥佛·巴尔－约瑟夫（Ofer Bar-Yosef）和理查德·克莱因（Richard Klein）这样的一流考古学家，也以相似的口吻表达了同样的观点。

5 万年前的"人类革命"的观点是依照"所见即所得"的方法论提出的。然而，正如莎莉·麦克布里尔蒂（Sally McBrearty）和艾利森·布鲁克斯（Alison Brooks）在其题为《不存在的革命》（*The Revolution that Wasn't*）的论文中所指出的那样，对"所见即所得"的严苛遵循致使其最狂热的支持者陷入了困扰。

物质文化的各个显要类项，包括赭石碎片，镌刻过或无修饰的贝壳珠项链，原料和新奇物资的远距离交易，在非洲都已经有了非常漫长的发展历史，且早于其他大陆发现的同类物（见图 5-3）。事实上，并不存在一场革命，相反，解剖学意义上的现代人的能力提升旷日持久，他们最终将其他种群（如尼安德特人）和其他必然存在却尚未被发现的非洲地区的种群，远远地甩在了身后。

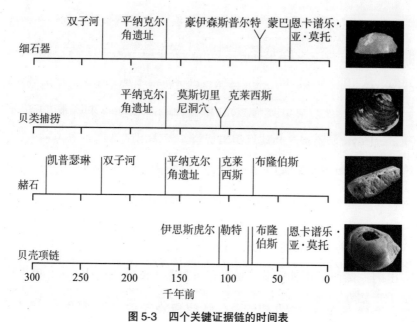

图 5-3　四个关键证据链的时间表

它们指明了人类行为中更高等级的复杂性——细石器、贝类捕捞、赭石运用和私人贝壳项链。

作为一种新的研究问题的方式，社会脑理论由此开始得到肯定。我们与其为"所见即所得"的方法论所掣肘，不如回退一步，思考从人族到人类的漫长转变过程中，什么才是至关重要的。为审视这一点，我们需要解答以下两个问题：

● 在一切都看似未变之时，究竟有哪些改变？这是一个关于感觉体验如何被放大以提高社会互动的问题。

● 为了解释在恰当时刻出现的全球定居和人口数量的激增，我们需要找到怎样的变革？在农业出现之前，社会规模仍旧微小，古人类依靠采摘而非生产食物之时，这些就已经发生了。这是一个关于放大人工制品所蕴含的社会信号，以确保形成有效的社交互动的问题。

构成这两个问题，以及整个社会脑理论的考古方法的基础，就是物质和感觉体验并不需要共同进化。两者组成了塑造社会联结的核心资源。然而，它们并不是一辆双人自行车，也不需要两名车手同时发力。我们的假设是，感觉体验和情绪的放大独立于物质和人工制品。反过来也应该同样是如此。放到双人自行车的例子中就是，一名车手脚蹬踏板，而另外一名车手则双脚离开踏板。然而，作为有效力的资源，物质和感觉体验之间的关系非常密切，且两项都是人族及人类社会的基石。一项的变革也会促成另一项的变革。它们参与了一个协同进化的进程，但各自的贡献却如双人自行车的两名车手一样，并不总是对等的。

直立人始终重复做着同样的事情。这就好像他们和我们相似，却缺少一些重要的特质，如创造力和洞察力。或者说，这有可能是一个气质问题吗？这是一个十分有趣的想法，因为猿类（至少是黑猩猩）要比我们更加情绪化。任何发生在猿类群体中的事情，都能让它们鼓噪一团。

有些研究者指出了同源性或者说同宗关系的重要性，这些原始情绪可以追溯到比我们人属更为久远的过去，它有着足够的共通性，我们在狗的身上看到的这些情绪不会少于在黑猩猩身上看到的。与我们共享这些情绪的不仅仅是猿类，所有拥有恐惧、愤怒和性欲的哺乳动物也都是如此。和所有哺乳动物一样，人类也被饥饿和欲望所驱使。

原始情绪也有自身的对立面，它们在人类历史记录中留下了自己的印记。哲学家和科学家都突出强调了人类的"理性"思维能力。这就引发了一种信念：理性思维是人类的理想型，与之相对就是一种更加原始、更不合人意的情绪取向的生活方式。然而，一直存在着一个强大的思想学派，他们认为，人类独特的情绪特征在很大程度上塑造了我们的本性。

在搜索假说中，行为主义学家迪伦·埃文斯（Dylan Evans）表述了情绪的这种价值。搜索假说认为，情绪为我们的行动设定了边界，并提供了有效的、不假思索的判断。"三思而后行是很好的，但关键在于行动。在某个时刻，你必须停下思考，付诸行动。"埃文斯将此称为哈姆雷特的两难困境。另外一些学者同样将情绪视为根深蒂固的"经验法则"，认为情绪可以指导个体的生活。假如，星期四的晚上，你可能要在观看足球比赛、与朋友吃饭以及留在家中三者之间做出快速选择。"我喜欢这样，但我不想那样"的情绪，往往会左右严格的理性分析。

　　可以说，是一系列深层次的"性情"或情绪唤醒在指导我们的行为。人类学家帕斯卡尔·博耶（Pascal Boyer）将此描述为"生物系统"。毫无疑问，情绪是一套系统，也就是说，如果我们身处丛林之中，突然看到一头狮子，那么我们会立即大惊失色；如果我们意识到那不过是一只羚羊，我们的惊慌情绪也会即刻平复下来。在这些情景下，生理学家可以详细地列出我们所经历的反应序列。

　　让现代人脱颖而出的是一种独特而极为强大的能力，那就是借助选择来控制和刺激情绪。其中，必要的联结并不存在于大脑的边缘系统，而是接入了大脑新皮质。在与社会脑相关的文献中，我们已经多次提到过大脑新皮质。我们可以选择去读莎士比亚的《罗密欧与朱丽叶》，让自己沉浸于悲伤的情绪之中。我们可以将头脑中虚构的悲剧与真实的悲剧相对照。

　　我们也可以用吉姆·科比特的《库蒙的食人兽》（*Man-Eaters of Kumaon*）或埃德加·爱伦·坡（Edgar Allan Poe）的超自然恐怖和血浆四溅的电影来吓唬自己。我们还可以选择思考侵犯性的想法，甚至将它们置于他人的心中，这是一种更加接近真实的危险。而这不正是蛊惑民心的政客所擅为之事吗？这一传统自德摩斯梯尼（Demosthenes）和克里昂（Cleon）的时代起就已成形，甚至可能比那还要早上许多。

　　海德堡人有可能坐在火炉边做白日梦吗？在萨福克的比其斯深洞，约翰·格列特和许多其他研究者展开了考古挖掘工作，他们发现，早期人类曾经围坐在池塘或小溪边的篝火旁。格列特回忆这次挖掘时说道："我们发现了一把手斧的手柄端。我希望能够发现它的剩余部分，我最终探明这个剩余部分就在其他新发现之中。我带领学生们去发掘它，并让学生自己去认识它。它距离手柄不过半米远。也许任何现代人都会对弄坏心爱的工具感到不安，你或我很可能将它扔到池塘里。"然而，海德堡人只是平静地将断开的两部分摆到了一起。

　　尽管情绪至关重要，但它往往都是杂乱无章的。与黑猩猩及倭黑猩猩相比，人类的情绪受到了极大的压制，不过，大猩猩也很少被指责为过度兴奋。更确切地讲，人类的情绪已经被重构了，在过去的某个时刻，它们的确曾大放异彩。情绪把我们变成了会哭泣、会欢笑、会寻找能触动灵魂深处的音乐、会用诗歌交流的生物。如果我们说考古学能够追溯所有这些东西的根源，那么我们就是妄自尊大，然而，我们的确有理由相信，这些重大变化是在过去的 50 万年间，在头脑发达的古人类身上逐渐成形的。

　　社会脑理论提供了一个框架，它允许我们去验证自己断简残篇式的资料。自此处起，我们将聚焦于我们所掌握的最佳证据：墓葬、珠链以及一种新技术。艺术将是我们的一大助力，但它们的保存模式却是极端不均衡的。我们将会阐释艺术，但首先，我们要引出一个重要的观点：艺术的部分功能在于"制造独特"。自此，我们将能够在更广泛的基础上寻找这种制造独特的行为。

制造独特的另一个特征是"附加价值"。我们的意思是，物品可能获得附加的意义，这个意义甚至会比物品原本的功能更为重要。关于此，我们看到的最早的蛛丝马迹产生于40万年前，那是一块镶嵌在手斧中的贝壳化石。贝壳化石可能才是这个工具的主要特色，而非对称的外形或锋利的斧刃。

我们必须同时接受这样的事实，这些新特色的发端是很难辨识和追溯的。这就是考古学家无法依据这些特色本身而讲述整个故事的原因。即便如此，我们仍旧能够指出一些基本但显著的科技发展事件。人工制品所采取的主要形式存在转变。自250万年前起，工具就已经被手以及手所能够运用的手段所支配。接着，在最近的50万年里，人们开始尝试新的组织自身物质世界的方法。

火的使用释放了一种能力。尼安德特人掌握了控制燃烧温度的方法，这就使他们学会了制造沥青，而制造沥青需要长时间的高温。由松树或桦树树脂制成的沥青是一种有价值的胶水，沥青的出现证明了复合工具已经到达新的高度。基于容纳的思想，另外一条路径赋予了世界新的概念。

这种思想很可能发端于背包和水桶（并没有遗存下来）这样的基本物品。然而，这种变革的主要考古学证据来自棚屋和房子的形式。类似证据有时充满争议，但头脑发达的古人类，如尼安德特人，在他们位于西班牙阿布里克罗马尼的岩石房中建起了屋顶，在天然屋中建造人造屋。这些人造屋在被自然弃置的情况下得到了很好的保存，并由尤金·卡博内尔（Eugene Carbonell）带领的团队巧妙地发掘而出。

墓葬文化，生者与逝者的合作

人类学家温迪·杰姆斯将人类描述为"仪式动物"。我们依照指定的方式行事，而且我们需要这样做。在这样一个强调自身运作力量的体系中，缺点是很容易出现的。一位英国议员坦言，自己表现出了一种强迫式的、做事情必须重复四次的症状：进入房间后，必须打开关闭灯光四次。某些不那么极端的偏好会影响大多数人：如果你坐在一个铺有方格布的桌子旁，你和同伴很可能会无意识地移动杯子和茶具，以使它们与图案的位置"相符"。

这也许并没有什么让人诧异的地方，因为我们都是直立人的后裔，在 100 万年前，直立人有太大的需求去"这样"而非"那样"制造工具。这些狭隘的观念集在它们身上存续了数十万年之久。最重要的事情仍旧是我们"制造独特"。杰姆斯说："在我们所为之事中，仪式、符号和礼仪不是简单地存在或缺席；它们深植于人类的行为之中。"

"制造独特"最初是支配日常事务，接着它便超出日常事务之外，开始允许且要求人类领悟超乎寻常。为什么这一切会发生呢？因为大型的社会要求更强烈的信号。

譬如，在最现代化的军队中，只有最高级的军官佩戴红领章或徽章，其级别是500或1000（或更多）人的军队的参谋长。这些徽章所扮演的就是注意信号的角色。人类的专注力是伟大的。我们可以在填字游戏、经典著作或任何抓人注意的事物中遗忘自我。黑猩猩没有这种能力。也许，它们会在几分钟的梳毛时间中神情专注，然而，这样的全神贯注从来不会转移到制作工具或使用工具上。颜色和光，这两种美学特质抓住了我们的注意力，因此，它们是发出信号的理想之物。相关证据表明，我们头脑发达的祖先同样对颜色和光充满兴趣。在这种极高水平的辨别性上，颜色和光构成了专门化的凸出物。而在小型社会中，这通常是不必要的。

对我们而言，金、银、钻石代表了极端的范例，尽管它们远不是早期人类所能够提取出来的。我们认为，科学技术同样是社会性的，这一观点贯穿了本书的始末。现代事例模糊了线索。如果某个人给你一块生日蛋糕，这明显是一种社交行为。如果这块蛋糕很好吃，那么它就触及了生存问题，但它同样也是科技的产物。

这块蛋糕的特别之处在于，它将情感价值置于了外部世界。当面对贵金属或钻石时，我们现代人会因价值而非情绪走向狂热。它们能够"榨取"巨大价值，也等同于它们难以获得。我们可以用稀土来做对比，稀土非常珍贵，但不具备内在的吸引力。当然，这种深刻的沉迷必然在我们的进化过程中存在深厚的根源。但是，金、银、钻石都是近来的喜好，其产品技术不过 5000 年的历史。它们的前身是什么呢？简言之，贝壳、赭石和黑曜岩似乎就是我们要找的答案。

有关贝壳重要性的最初线索源自遗存下来的贝壳化石。肯尼斯·奥克利率先注意到，在 40 万年前，贝壳曾作为明显的装饰品被镶嵌在一把或两把手斧的中央。我们可以辩称，它们的遗存是偶然的。但是，贝壳会为石器的打制过程带来诸多不便，为了将贝壳安装在石器的中央，制造者可能需要对打制程序深思熟虑。

到了 12 万年前，贝壳已经被穿孔并串到了一起，也许还被制成了项链。在南非的布隆伯斯洞穴，研究者发现了一套 7 万年前的完整贝壳组（见图 5-4）。这便是一项证据。此外，在挖掘摩洛哥勒特的皮金斯洞穴时，研究者发现，相近时期、相同种类的贝壳也以类似的方式被穿孔。

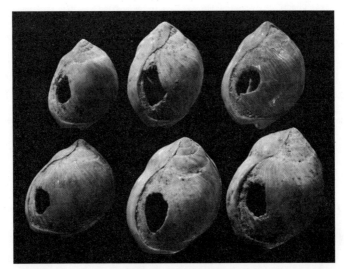

图 5-4 穿孔贝壳

这些贝壳发现于南非的布隆伯斯洞穴，它们原本应该是被串联成项链的，
表面的磨损情况可以证明这一点。这既为绳带的存在提供了证据，又表明了个
人装饰的重要性。

在物质文化中，颜色对现代人类是非常重要的。的确，红色也许
是帕斯卡尔·博耶的生物系统的触发器，代表危险的信号。在人类活动
中，红色首先以考古遗址中代赭石的形式出现。这可以追溯到 100 万
年前以色列的比扎鲁哈马。在近现代和史前时代晚期，代赭石主要是
作为绘画颜料而得到了广泛应用。在最早的洞穴壁画中，代赭石主要
表现为点缀的圆点。圆点可以用来象征生命、血液或是更复杂的概
念。我们不应该忘记，代赭石也有实际的用途，如制备皮革、润滑油
或是作为胶水的成分。尤其是在 30 万年前的非洲，赭石变得非常重
要，其中，赞比亚双子河的赭石被大规模开采。在肯尼亚中部的凯普

瑟琳遗址，一批 5 千克重的赭石被发掘出来，其历史可以追溯到大约
30 万年前。

在苏丹尼罗河的萨伊岛，研究者发现了距今约 20 万年的抛光过
和研磨过的赭石。我们的同事拉里·巴勒姆强调，这些发现的文化根
源来自阿舍利时期。考古学家琳恩·沃德利（Lynn Wadley）和其他研
究者都着重强调了赭石的工业用途和符号用途，毫无疑问的是，在这
一时期的某处，附加价值已经开始附着在赭石之上。在南非海岸边的
布隆伯斯洞穴发现的赭石具有明显的符号意义。在这里，一块 7 万年
前的赭石被精心雕刻过，表面的格子图案非常清晰（见图 5-5）。

图 5-5 位于南非布隆伯斯洞穴的一小块红色赭石

赭石上的图案是已知最古老的几何雕刻，它往往被用作符合思维的证据。
赭石是一种天然颜料，被广泛用于改变身体和物体的颜色，同时，它也是许多
岩石艺术的介质。

石头的外观同样可以精美不凡。到现在为止，人类已经有 200 万年挑选石头的经验了。黑曜岩火山玻璃就是一种美观迷人的材料，其颜色有黑色和棕色，甚至还有红色。我们非常熟悉肯尼亚东非大裂谷中部的黑曜岩，那里也是约翰·格列特工作的地方。在远古时期，黑曜岩偶尔会被用来制造手斧。卡里安都司最早由路易斯·利基进行考古发掘，那里的黑曜岩手斧很常见。

而在 50 公里外的基洛姆博，尽管存在着各种各样的火山岩手斧，黑曜岩手斧的数量却非常稀少。即便是在 100 万年前，黑曜岩的魅力也足以诱使人类不时地去搬运它们，但真正的改变发生在 20 万年前。随后的一段时间里，古人类把黑曜岩从基洛姆博以南 100 公里的奈瓦沙运送过来，并将其制成了数以百计的石片器。

露西课题的研究生朵拉·马特西欧发现，在 4 万年前之后的世界里，黑曜岩的应用日益普遍。朵拉还说明了，现代人是如何将黑曜岩自更远距离（通常是两倍距离）的火山处搬运过来的。晶莹剔透的石英不仅吸引了现代人的眼光，似乎也曾令古人类为之倾倒，古人类以类似的方式对石英进行了长距离运输。

这些物质原料受到重视的主要证据，就是古人类对它们的长距离运输，以及在工具制作过程中的选择性利用。自远古时期开始，人类就不得不做出价值判断。物质运输的成本异常高昂，由此，选择的重要性开始凸显，好的材料才被运输，垃圾材料会被舍弃。在这些价值判断中，我们再一次看到了科技与社会性的紧密关联。

人类最后一项伟大的仪式创新便是墓葬，墓葬对我们有着特别的意义。在社会脑理论中，我们不断强调了人际关系的重要性，但某些人际关系是尤为重要的，特别是亲戚。

已知最早的旧石器时代墓地是在中东地区的洞穴中发现的，距今至少有 13 万年的历史。其中既包括早期现代人的，也包括尼安德特人的；早期现代人的墓穴位于伊思斯虎尔和卡夫扎，尼安德特人的位于塔本。自那时起，旧石器时代墓葬就在欧洲和亚洲广泛蔓延开来了。传统观点认为，墓葬让我们推断出了宗教的存在，让我们知道人类有了冥世，有了送别亲人上路的观念。一些修正主义者在很大程度上毁弃了这种情感满足的图景，放置在伊拉克沙尼达尔的尼安德特人葬地的花粉，很可能是外来的，但这样的修正主义还是太过火了。

我们仍旧在竭力鉴别墓地中埋葬物的类型，这是一件至关重要的事情。让我们向后回溯：我们在近代有数百万个墓地；在古典时代有数千个墓地；而在 1 万年前，仅仅是纳图夫时期的黎凡特就有超过 400 个墓地。在此之前，旧石器时代晚期共有数百个墓地，有些是集体墓地，有些放置了明显的陪葬品。

　　如果数百个尼安德特人和早期现代人先祖的墓地展现出了完全不同的景象，那将会是非常奇怪的。即便是去争辩这种可能性都显得很愚蠢，事实上，对法国考古文献的详细检视会让事情更加明晰。在拿撒勒附近的卡夫扎洞穴，早期现代人的墓地被精心地依照相似的方向排列起来。同样的事情也出现在卡梅尔山的伊思斯虎尔洞穴。

　　考古学家亚埃拉罕·罗南（Avraham Ronen）指出，墓地的布局表现出了对个体空间的充分尊重。在法国的拉费拉西，有一处岩石搭建的小公墓，其中尼安德特人的成年个体被安置在一起，婴儿则被安排在附近低矮的圆土堆下面。婴儿的遗骸非常脆弱，如果不是被精心埋葬的话，根本没有保存下来的可能。这种现象实际上非常普遍，遍布欧洲西部和中东地区。经过大范围的调查后，考古学家保罗·佩蒂特（Paul Pettitt）有力地证明了，尼安德特人的墓葬习俗进入了现代化阶段，它比一些更古老的墓葬要先进许多，例如，西班牙的阿塔普埃卡遗址处的墓地。在阿塔普埃卡，许多尸体都被埋葬在一个洞穴深井基地里。在这个现代化过程中，只有极少的墓地是露天的。在埃及的塔兰姆萨山，一个躺在深坑里、双腿屈曲的早期现代人的墓穴引起了我们的注意。

　　在佩蒂特所谓的最终阶段里，墓葬习俗继续演变。例如，考古学家杰贝尔·撒哈巴（Jebel Sahaba）在苏丹北部，临近尼罗河的遗址寻获了一系列发现。那是一处完整的坟场，其历史可以追溯到 1.2 万年前的旧石器时代末期。有超过 50 具尸体被埋葬在那里，有些还被分成小团体。明显的证据表明，某些尸体曾被燧石或箭头刺伤（见图 5-6）。

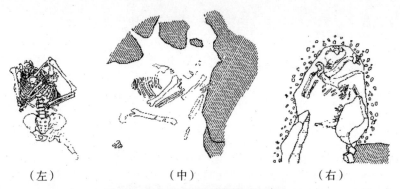

（左）　　　　　（中）　　　　　（右）

图 5-6　洞穴中的三处旧石器时代墓地

左边和中间：尼安德特人墓地，分别位于以色列的喀巴拉和伊拉克的沙尼达尔；右边：现代人墓地，位于以色列的卡夫扎。

究竟这些墓葬仪式对头脑发达的群居古人类有着怎样的意义呢？他们有没有对冥世的信仰，就像古埃及人猜测人死后会进入冥界一样？我们并不知道实情是怎样的，而且我们理应做否定的推断。然而，他们的确有了冥人的概念，已死之人仍然具有影响生者的力量。这是在意料之中的，因为我们早已断定我们头脑发达的祖先拥有高级心智能力。

在心智理论的佐助下，一位尼安德特人能够意识到另一位尼安德特人看待这个世界的方式与自己不同。此外，他们还能进行社会推理，能盘算他人的意图以达成预定目标。他们相信人在死后仍将存在，这是一种不可忽视的社会力量，这种"滞留尘世"的理念完全是与心理技能相一致的，符合心理技能的结果。

最初的时候，人类对尸体的忧虑是非常强烈的。帕斯卡尔·博耶的观点提醒我们，这种忧虑可能源自两种"生物系统"的冲突。一种生物系统提醒我们，我们与相关个体间的亲密情感；另一种生物系统反映了我们对已死或腐烂之物的厌恶，以及处理掉它们的倾向。而我们的方式是，既丢弃又保存。

有一件事我们相当肯定：我们的祖先埋葬的都是他们关心的、与他们沾亲带故的人。在北非以及从俄罗斯到法国的广阔区域，我们看到的墓地集聚化就是其中一个证据。另一个证据是殉葬品的摆放。在最初的时候，带肉动物的腿骨或犄角作为陪葬品也许是值得怀疑的，这可能只是意外。但在另外一些事例中，赭石粉刷的特殊处理、贝壳项链的出现、精致工具的放置，都是不容置疑的证据。这种习惯延续至今，暗示着早期的事例代表了一些不同的东西，我们对这种现象追根溯源的整体效益落空。

让我们换一个角度来看问题吧。尼安德特人到达了第四阶意向性。他们是否只有冥人而无冥世的概念，这一点还可以持续争论。然而，任何拥有心理化能力的古人类都会有社会情绪，如负罪、羞愧和骄傲，只有个体对他人的信念抱有某种想法时才会有情绪。同情也是一种社会情绪。社会情绪与原始情绪，或者说生存性情绪截然不同；诸如恐惧、愤怒、幸福这样的原始情绪是所有社会性动物共有的。事实表明，年老体弱的尼安德特人曾被5人、15人，甚至是50人社交层级中的个体所照顾：生活在法国拉沙佩勒奥圣的"老人"年过四十，患有关节炎和其他多种疾病（见图5-7）；伊拉克的沙尼达尔1号男性双目失明，手臂也受过伤。如果这些证据都不能使你相信同情心的存在，那么，它们至少表明，社群中各团体间的合作以及强大的社会凝聚力是必然存在的。

在对火的掌控，以及对石头这样的材料的运输之中，蕴含着明显的合作元素，这些似乎是在不断强调团体的亲密性。遗址的规模同样告诉我们，人们往往会组建营居群，有时也会组建更小的团体，或者组成社群。

大型群组的证据几乎只存在于智人身上，尼安德特人没有大型群组。考古学家马特·格罗夫利用来自博克斯格罗夫遗址和宾斯维特遗址的考古数据，研究了人类露营地的规模。这两处遗址的保存非常完好，格罗夫分析了遗址中考古材料的密度和范围，结果显示：自博克斯格罗夫时期到宾斯维特时期，使用相关考古材料的人口数量有所增加。这与社会脑理论的预测相符。

图 5-7　拉沙佩勒奥圣的老人

某些最著名的尼安德特人遗骸来自法国西南部，包括这些位于拉沙佩勒奥圣（La Chapelle-aux-Saints）的骸骨。依从法国古生物学家马塞林·布列（Marcellin Boule）对这位患有关节炎的老人的描述，尼安德特人曾被视为野蛮人

在欧洲，某些大型营地对这些考古材料抱有长久的感情。这一点在旧石器时代晚期的棚屋结构中表现得最为清晰，尤其是在俄罗斯、德国和法国。俄罗斯的营地有时可以非常巨大，其中炉灶就布置在棚屋中心下方的隔间里。考古学家奥尔加·索弗（Olga Soffer）研究了遗留在东欧平原遗址深坑中的动物骨骼，她认为许多棚屋都是半永久性的，构成了冬季的村庄。人类热衷于狩猎猛犸象和驯鹿群，这显然要求个体间通力合作。在 1.4 万年前的冰川时代末期，驯鹿是宾斯维特地区人类的主要猎物；而与此同时，马丁·斯特里特（Martin Street）和伊莲·特纳（Elaine Turner）的研究表明，莱茵河沿岸的格内尔斯多尔夫和安德纳赫的人类更多是狩猎马群。

尼安德特人与智人的恩怨情仇

现在，我们的主题重新回到人类俱乐部，继续讨论是什么让我们成为人类。尼安德特人和现代人这两种头脑发达的人族动物，起源自同一个祖先海德堡人。两种人族动物给予了我们一个机会，可以深入探讨社会脑的问题，并审视我们自己对社会脑模型的偏见。尼安德特人与现代人之间比较的核心问题，我们在引言中已经提出：人族的大脑是在何时转变为人类的大脑的？

理性的基因分析丝毫无损于尼安德特人，在我们看来，尼安德特人演变出了神秘的"他性"。这一思想令人着迷，业内同行弗雷德里克·库利奇和托马斯·温甚至开始教授起尼安德特人心理学的课程。然而，我们认为，这两个物种间的地理隔离并非泾渭分明。在很长的一段时期里，中东的某些地方都有可穿越的边界，这些边界也许会随着气候的变化而变动，有时有利于这边的群体，有时有利于另一边的群体。思想，同样也能够不时地在两个种群间传递，因为从原则上讲，思想比基因更容易流通。墓葬的概念以及被称为勒瓦娄哇的燧石打制技法的广泛普及，也许就是最有力的例证。

如果我们更加细致地审视我们的近亲尼安德特人，我们将得到一幅有趣的图景，对此学术界已经展开了深入研究。也许，回响在我们耳边的是博耶理念的延伸，尼安德特人既与我们非常相似，又与我们大相径庭，正是这样的矛盾造就了尼安德特人独特的魅力。

我们知道，尼安德特人的生活环境要更为艰苦。的确，他们曾生活在温暖时期的温带地区。也许在 200 代或 300 代人的时间里，他们都过得很好。但在超过 1000 代人的持续更迭里，尼安德特人始终生活在极度的严寒中，他们必须适应其中的严峻挑战。在这种严寒出现的最初时期，在意想不到的纬度里，驯鹿便是这种巨大挑战无可否认的指标。在法国南部的阿拉戈洞穴，海德堡人 60 万年前就已经开始大规模猎杀驯鹿。

在最后一个冰川期，尼安德特人在欧洲各地有条不紊地做着相同的事情，其中就包括德国东部萨尔茨吉特－莱本施泰特。萨宾·高德芬斯基（Sabine Gaudzinski）重新分析了这些发现。尼安德特人完全能够在专业化的狩猎中，专心对付驯鹿，尼安德特人使用骨制锐器和燧石刮削器来处理动物尸体，其处理手段能够令现代狩猎－采集者为之赞叹。除屠宰技能外，萨尔茨吉特的猎人同样表现出合作与协同作业的能力。这是不足为奇的。合作的特质已经有超过100万年的历史了，合作先于尼安德特人的进化而存在。尼安德特人已经成为顶级捕食者，这一点可以由骨骼的同位素分析所证实，同位素分析能够揭示捕食者的食物类型。

长期以来，尼安德特人作为猎人的生存能力备受质疑。因为在恶劣的气候条件下，一个人倘若没有巨量的自然环境知识和行之有效的应对重大生活困难的方法，不可能生存下来。

一些研究者极力贬低尼安德特人的能力，另一些研究者则将尼安德特人与现代人相提并论，这两类研究者如今仍旧保持着富有建设性的论辩。尼安德特人也许的确生活在比现代人更小的社群中，他们需要面对的环境也不同。当我们将今天的群体与一个世纪前的祖先相比较时，我们可以轻易做出相同的表述，因此，我们在阐释这种证据时必须非常小心（见图 5-8）。

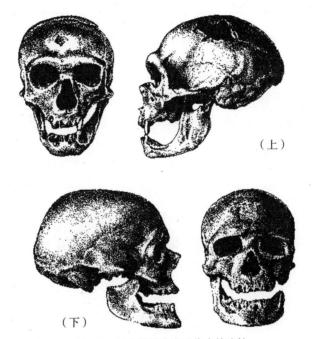

（上）

（下）

图 5-8　尼安德特人和现代人的比较

欧洲旧石器时代自尼安德特人（上）向现代人（下）的急剧转变，吸引了
大批的考古学家和古生物学家。这样的热潮已经持续了 100 多年。

一个普遍的论断是，尼安德特人不具备现代人所拥有的想象能
力，不能创造一个想象世界。这个想象世界超越了基本的生存需求。
尼安德特人的生活缺失了那些美好的东西，如艺术、装饰品以及礼仪。
然而，我们已经见到过尼安德特人关心他人的证据，沙尼达尔和拉沙
佩勒奥圣的"老人"，是无法独立狩猎的。墓地的精心安置，以及喀
巴拉墓地手臂的折叠也都表明了对相类似个体的关怀意识。

4万年前的旧石器时代晚期，现代人留下了许多装饰品和艺术品遗迹。与之相比，尼安德特人的类似创造的确罕见到了几乎不存在的程度，或者至少可以说没有遗存下来。在对此做出过多解读前，我们必须承认，同样的事情后来也经常发生。宾斯维特遗址是位于法国北部的冰川时代末期遗址，它的保存最为完备，包括拓展的营地、为数众多的炉灶、数以千计的石器以及数量庞大的骨骼。即便如此，宾斯维特遗址只保存了一个修饰过的骨棒，如果发掘工作不够细致的话，很可能会忽视它的存在。也许能够说明尼安德特人问题的恰恰是我们所拥有的：在他们存活最后阶段的法国，没有迹象表明骨头曾被特别处理过，但有一个时期是例外。

法国中部和西南部的查特佩戎文化与众不同。在很长一段时间里，研究者都认为查特佩戎文化兴起于3.5万年前，由后来迁入的现代人所创造。然而，屈尔河畔阿尔西以及圣塞赛尔的发现表明，相关工具集是由尼安德特人制造的。这种工具集包含大量修饰过的骨制品，还有带有地方特色的石制工具。

当然，我们可以争辩说，尼安德特人并没有发明这些东西，他们与生活在欧洲东部的早期现代人接触，并从现代人那里获得了这些东西。这是可能的，也很难说这贬低了尼安德特人的重要性：毕竟尽管大多数人都不了解计算机或手机的内部工作机制（更遑论自己去制造它们），但这并不妨碍使用这些产品。不管怎样，若昂·吉尔豪（João Zilhão）及其同事在伊比利亚安东洞穴的发现表明，尼安德特人曾经将颜料涂抹在贝壳上。这些发现无疑先于任何附近的早期现代人类而存在。总之，尼安德特人必定存在不同的特质，甚至可能与我们有着不同的思维方式，但他们的技术仅仅是在最近的 10 万年里才与现代人有了显著不同。

然而，改变正在酝酿之中，正是那些与我们相似且拥有共同基因的人开始自非洲大陆向外扩张。遗传学证据给予我们一幅惊人一致的广阔画面。Y 染色体和线粒体 DNA 的证据都勾勒出一幅古老的谱系图，它的进化渊源起于非洲，而后在旧大陆上蔓延开来。在这种情况下，至关重要的并不是什么神秘事件，而是时间的测定。一个观测点出现在迁徙路径的末端，彼时，人类首次漂洋过海进入澳大利亚洲。观测点往往是我们所缺乏的细节，我们也缺少来自亚洲关键地区的发现。因此，那些支持迅速但较晚扩张的人，可以声称"走出非洲"开始于 5 万~6 万年前，拥有现代性优势的人类迁徙极为迅速，且最晚于 5 万年前抵达澳大利亚洲。对另一些人来说，快速的迁徙似乎不太现实。牛津大学的迈克·彼得拉利亚（Mike Petraglia）认为，现代人类很早就走上了扩张的道路，10 万年前来自阿拉伯半岛的中石器时代工具集，似乎支持这一论点。

要认定这一切都是"人类革命"的结果，需要坚定不移的信念。

艺术、精巧复杂的科技以及信仰系统，是新来者迅速席卷世界巨大浪潮的关键。然而，正如我们之前指出的那样，旧大陆的大部分地区都已经被早期人类所占领，很多甚至还占据了相当长一段时间。如今，遗传学的研究表明，各个种群之间在一定程度上是密切相关的，能够交配繁殖。大多数欧亚人似乎携带有1%～4%左右的尼安德特人基因。再向后追溯，大部分的符号革命出现的时间最晚是在12万或13万年前，包括墓葬、饰品以及骨制工具。似乎只有具象派艺术是真正的新生事物。它在将近3万年前出现在旧大陆的三个角落里，即欧洲、南非和澳大利亚的某些地区。这至少引起了我们的怀疑，具象派艺术可能并非人类努力的新特质。

乍看之下，现代人定居者似乎是在玩古老的游戏。人类在很早之前就已经离开了非洲，迁徙者数量之巨甚至让考古学家罗宾·登内尔（Robin Dennell）认定，在人性早期演变的大部分时期，非洲与亚洲之间都存在固定的双向交流路径。现代人同样也是游猎者，他们依靠猎杀动物和采集植物维持生活。现代人的社群规模很小，人群密度低。这仍旧是石器时代的特征。

然而，表象可能是有欺骗性的。现代人代表了一种微妙的变化，而这种变化正是人之为人的关键。现代人的身体构造更加轻盈，这为他们赢得了纤弱的形容描述。力量不再需要立足于身体本身，越来越多地转移到工具之上，如弓与箭、船只与陷阱等。社会脑理论允许我们断定，人类也具备了一种全新的社会能力。想象的投射能力超越了面对面接触所要求的必须在场；个体所参与的社会中，幕后与幕前的演员变得一样多。

　　人类的行为开始受限于自己想象中他人可能的看法。其他头脑发达的古人类身上几乎可以肯定也存在这种高级心理能力，如尼安德特人。然而，现代人将其迁移到了另一个层次上。现代人某一地域的社群规模也许只是稍微大过尼安德特人，但真正的差别在于，联结和社会责任变得更为复杂。现代人不再被限制在当地的社会生活中，不再只是见到日常生活中经常接触的其他社会网络成员，他们现在已经能够应对与社会伙伴长期分离、隔绝的问题，也开始更加经常性地接触陌生人。

　　我们是怎样知晓这一切的呢？人类自非洲向亚洲，再漂洋过海进入澳大利亚，整个路径为我们提供了第一条线索。不论海洋航行是怎样实现的，它都意味着离别。第二条线索同样来自澳大利亚内陆。到达目的地后，第一批澳大利亚人迅速定居在这片古大陆所有的栖息地中，包括内陆的沙漠地区。由于更新世气候的影响，内陆极度干旱。在发掘澳洲中部城市艾丽斯斯普林斯以西普里特亚拉的岩荫遗迹时，迈克·史密斯（Mike Smith）发现了这一地区人类活动的早期证据。

定居依赖可靠的水资源，而这种水资源仍旧是以岩石渗孔的形式存在的。当人类定居于普里特亚拉时，这些关键资源减少了，这意味着这片广阔区域里的人口非常稀少，再次表明了群体间的大范围分离。

第三条线索来自用于制作复合工具的原材料。在整个旧大陆，我们看到了一种普遍的模型：从 40 万年前开始，运输距离持续增加。岩石经常是从更远的地方搬运而来的。其中的部分原因会被归结为对更优质的岩石原料的渴望。然而，长途运输还会带来其他好处。将物品作为礼物，甚至商品进行交易，能够让社会网络中的个体联结在一起。交易的商品具象化了贸易伙伴关系，是一种将遥远异地的陌生人转变为可靠同盟的方式。

现代人的活动范围持续膨胀。他们自亚洲进入俄罗斯的北极地区，接着，在广袤土地的诱惑下，现代人进入了北美洲和南美洲的新大陆。在以阿拉斯加为中心的白令陆桥古大陆，这个迁徙进程缓慢开始了，我们也从中看到了现代人的强大能力。很快，在 2 万年前的某个时期，现代人进入了北美大冰原以南地区，随他们一同前行的还有家犬和热带葫芦种子。因为这些种子不会在他们必经的酷寒之地发芽生长，所以我们只能推测，现代人是带着寻找温暖气候的希冀不断前进的。

然而，这些种子也指明了另一项重大变革。一方面，我们看到了人类社会在空间上的扩张。借助于社会联结的链条，人群的分布在真正意义上延展开来。诸如珍珠贝、琥珀以及雕像这样的艺术品，就是这种社会联结的象征。另一方面，我们看到了人口集中化的开端，这个进程在现代社会已经非常明显了。一个地区所能聚集的人口，取决于人类囤积食物的能力。

刘易斯·宾福德研究了阿拉斯加的因纽特人，他发现，贮藏狩猎到的驯鹿可以让因纽特人减少搜索猎物的行程，并居住在半永久性的村落中。贮藏行为同样也改变了考古学证据。一头在夏季被杀死的驯鹿，也许直到第二年春季才会在另一个地方被食用。这会影响我们对动物的季节性信息的解读。同等重要的备用品可以用来抵御其他群体。贮藏的食物也改变了劳动力的需求状况，人们不再需要为寻觅食物而持续供应劳动力，相反，他们可以将劳动力集中在一年中的几周或几个月里使用。

在"复杂"的现代狩猎－采集者社会中，贮藏通常被视为重要的行为特征。然而，要证明贮藏行为曾存在于遥远的过去殊为不易。我们见惯了农民家中的粮仓和贮藏室，但在狩猎者中，这些是非常罕见的，贮藏室通常只会在气候寒冷的北方找到，位于俄罗斯顿河的考斯顿克遗址就是很好的例子（见图5-9）。贮藏的替代方案就是生活在猎物密度足够高的地区，那里有大量的猛犸象、犀牛、野牛、马和驯鹿群可以保障生存。

图 5-9　考古挖掘

对旧石器时代居住地遗址的精心发掘。这里是俄罗斯西部的考斯顿克遗址，
它为我们提供了许多宝贵信息，包括动物猎物的类型，以及群居的人类处理它
们的方式。

　　尼安德特人似乎就是选择了这样的方案。现代人则采取了不同的
应对方式，他们在合适的地方定居下来，利用贮藏的食物以及广泛的
人际网络来保障生活。兽群在一年中的某些时期内可能与他们相隔千
里。此时，贮藏食物就可以为他们果腹充饥，但如果这失败了，社会
网络也会允许他们求助于人。

　　对此，我们尚不能十分确定，但对现代人大规模的地域扩张而言，
积聚社会关系，并依照亲属关系规则来组织，似乎是必然的发展趋势。
这一过程开始于距今 5 万~4 万年前。我们相信，这些与学会建造船只以及在洞穴中涂鸦动物肖像是同等重要的。

与其说人类进化史上出现一系列的晚期革新是不可思议的巧合，倒不如说它是不可能的超自然事件。我们现代智人不可能很早就获得了发达的大脑，却又无所事事，直到四五万年前才突然智慧爆发。进化不是以这种方式进行的。发达的大脑是为应对某些事情而存在的，即便这些事情可能与我们现在所做的不同。社会脑理论的一大利处是，它能解释许多生物学和考古学无法阐明的问题。如果我们回顾过去的 50 万年，我们就会发现这样一个难题：人类的头脑已经非常发达，人类已经成为这片地域里的佼佼者，但从表面来看，显然只有极少的征兆预示了解剖学意义上的现代人在过去 10 万年里的巨大文化变革。社会脑理论告知我们，社会生活和意向性等级在很早之前就已经攀至了新的高度。接着，一次切近的考察开始真正追踪起考古学的鬼火，正是这些鬼火显露了某些开端。陆地上的墓葬、珠串、新科技、新型社会组织，所有这一切都在讲述着一场深远的变革。

PART 3

大局观的进化优势

THINKING BIG

THINKING BIG

HOW THE EVOLUTION OF SOCIAL LIFE SHAPED THE HUMAN MIND

06

利用小社群的经验
处理大社会的问题

我们不能坐视危机爆发，
然后再去处理灾难性的后果。

- 人类生活在一个人口庞大的美丽新世界中，自身却只配备了适用于远古生活环境的社会技能和思维框架。

- 社会网络必然依托于特定的规模和特定的张力而存在，它运转只能是因为人类的过往历史。

在露西课题的研究过程中，人类历史上的两座里程碑被顺利跨过。2007年，城市人口首次超过农村人口；2011年，全球人口超过70亿。考古学将这些转折点纳入了自己的研究范围。在1.1万年前的冰川时代末期，世界人口的估值是700万。当时没有城市，人们依靠捕鱼、采集以及狩猎为生。他们拥有艺术、墓葬以及棚屋和村落形式的建筑设计。他们的科技包括石尖箭矢、镰刀和刀，以及磨光石器，如碗、研钵和杵。各式各样的植物材料也牵涉其中，它们被编织成篮子，被做成衣服。应对资源变动和火爆冲突的主要方法是迁徙，也就是真正意义上的"远离"问题。在如今的狩猎和采集群体中，我们仍旧能够看到这种由来已久的"分裂－融合模型"。

最终，在某个时间点上，这种做法开始失效，因为人口成千上万倍的增长引发了一场革命，即农业革命。长期以来，考古学家对农业的起源争论不休，然而，农业的到来并不会真正影响到我们的社会脑理论假设。农业革命的本质是，粮食的生产允许人类维持住更大的人口数量。自大约 1.1 万年前起，农业人口持续增加，而狩猎和采集群体则日益衰落。

当人口还很少，且处于不断的迁徙之中时，如火山爆发这样的自然灾害的影响还很微弱。1.29 万年前，莱茵兰火山群中的拉赫湖超级火山历经了一次大爆发。顶级火山学家克里夫·奥本海默（Clive Oppenheimer）在其著作《震惊世界的火山爆发》（*Eruptions that Shook the World*）中描绘了这次事件的影响。喷发的烟柱高度达到了 3.5 万米，并形成了 2 公里跨度的火山口。火山灰覆盖了 30 万平方公里的地区，由于风向的原因，烟柱自法国中部绵延至意大利北部，又自瑞典南部绵延至波兰。

与火山口直接临近的地区，大量的浮岩堆积到了一起。这些浮岩如今作为建筑材料而被开采。然而，尽管毁坏至此，研究者却几乎找不到表明该地区的人群曾遭遇灭顶之灾的证据。当时，他们可以从这片地区迁走，并求助于分散在更为广阔的未受影响区域的社会联结网络，从而重建自身生活。历经几代人的变迁后，他们重新定居在了受灾最严重的区域，尽管以考古学的时间尺度来看，这只不过是弹指一挥间的事情。这种迁居异地的能力依托于人类由来已久的直立行走特征，以及能够通过建立亲属关系和分享文化来处理朋友和生人关系的社会脑。

在接下来的 1.1 万年里，这种情形彻底改变了。人类对田地和畜群的依赖，对城镇、城市和政府机构的投资，都让迁居的选择愈发受限。2012 年 1 月，英国最流行的大众报刊《每日邮报》报道了拉赫湖的问题，新闻标题是"距离伦敦只有 500 公里的超级火山即将爆发吗？"他们的科学依据仅仅是火山爆发的时机"早已成熟"，尽管我们也不知道这其中的确切所指。然而，假设他们的惊人言论是正确的，这次风会从东边吹来，那么，这家英国小报消遣欧洲人的言论将会成为现实：农业生产遭受重创，城市被埋于地下，交通中断，不可避免的社会骚乱频发。

目前，全球人口已超过 70 亿，且主要集中在城市，这使得灾难几乎每天都在发生。在人类的进化史上，地震和海啸始终都扮演着重要的角色。然而，它们可能造成的影响也从未变得更大，因为现如今生活在地震和海啸影响范围下的人口毕竟是有限的。如果地震和海啸真的困扰到我们的生活，那么，我们将会重新安置身处危境的人到更安全的地方去。当然，我们不能等到危机爆发再去处理其灾难性的后果。

危机与机遇并存

人类的这种"与危机共舞"的行为能够给予我们一些启发。我们在引言中提出过一个问题：是否真的有可能指明，人族的大脑是在何时转变为人类的大脑的。这个问题应该由哲学家来回答，除非他们对我们在本书中所讲述的人类远古历史兴味索然。我们能够为这幅历史图景添加些什么内容呢？

我们在本书中探究了不同的心智模型，并将用于解决问题的理性思维与用于打造联结的关系思维进行了比较。理性思维是欧洲启蒙运动的成果，而关系思维则存在于庞贝古城和赫库兰尼姆古城的再发现和挖掘。这些遗址揭示了小规模的火山爆发对小城镇影响的生动细节。如果理性是现代心智的标志，那么可以肯定的是，依从这些发现，那不勒斯理应缩小为一个小渔村以规避未来的灾难。尽管我们游览了这些遗址和博物馆，又蜂拥去观看了关于它们毁灭的展览，但我们的理性思维并不会引导我们得出那个显而易见的结论：不要在这里建造城市。相反，借助家庭、社会、经济和历史的羁绊，我们将自身嵌入了这片危险的地域。利用高级心智理论，许多人都相信宗教能够让灾祸远离自己。

在我们看来，这条最终催生了人类心智的漫长道路，主要牵涉日益复杂化的社会技能的发展，以及社会群体规模的相应增大。正如我们在本书中所证明的那样，这些技能是非常古老的。它们不是冰川时代末期 700 万智人的独享特权，也不是今日 70 亿现代人的特有天赋。

它们或多或少地被早期头脑发达的人族所共享，如海德堡人和尼安德特人。这些技能包括心理化的能力，对他人的同情和共情，以及掌握高级心智理论以捕获他人意图的能力；这些社会技能都深植于我们的血统中，如我们所证明的那样，它们可以追溯至灵长目动物的遥远过去。其中的许多技能涉及语言，以及对物体的符号式和隐喻式使用。最终，没有哪个人工制品或化石祖先允许我们直截了当地说："这个有现代心智，而那个没有。"这部分是因为，我们自社会脑课题的开端获知，寻找现代心智的定义无异于搜寻"愚人之金"[①]。

我们所做的，反而是将心智呈现为一套社会技能，在我们的整个进化史中，它都处于不间断的选择压力之下。从我们的视角来看，这套社会技能随着社群规模变为150人而到达顶峰，与之一同触顶的还有个体为掌控这样一个数字所需的认知能力。"邓巴数150"最终显现为一种极为坚固的基本构件，能够构建持续增大、精细化的建筑。对此，我们已经使用

① 即黄铁矿，因其颜色为淡金黄色，容易让人误以为是黄金，故有"愚之人金"之称。
——译者注

增量这一术语描述了诸多范例。在人类的进化史上，我们只花费了"片刻"的时间便从 700 万人口发展到了 70 亿人口，但管理我们社会生活的核心认知结构却始终未变，即便我们已经从石器时代跨入了数字时代。在这场开始于冰川时代仓促慌乱的上升期里，我们见证了人类想象力的释放，想象力将物质转变为新的形式，其品类之繁多难以置信，其数量之庞大前所未有。然而，这种多样性背后的思维本质是相同的，其所涵盖的仍旧是与他人建立亲密关系，并解决我们所有祖先在塑造自己社会生活的过程中都曾面对过的问题。

人类处境的本质是，在过去的 1.1 万年里，人类生活在一个人口庞大的美丽新世界中，自身却只配备了适用于远古生活环境的社会技能和思维框架。社会脑的核心本质是关于群体规模的。社会认知是昂贵的。哪里的生态环境青睐于庞大群体，哪里的大脑就会承载更大的压力，这就是认知负荷。在 200 万年的时间里，人属的进化方向青睐于持续增大的大脑。脑容量的增长是对进化压力的渐进反应。当人类骤然获得文化和科技上的突破，以及随之而来的巨量后续效应时，情势就大不相同了，但是我们却无法以脑容量的激增来回应今非昔比的社会。更确切地说，生活是一门可能的艺术。

在大型社会中，你不可能认识每一个人。过去，群体会因为变得太大而走向分裂，如今，这一选择更加困难了，因为同样会存在诱因驱使你与其他群体友好相处。古代战争就是显而易见的范例，在一场高赌注的博弈中，群体之间的联盟是至关重要的。

在过去 1.1 万年的大部分时间里，人类都是在学习如何利用小社会获得的技能来让大社会运转。"邓巴数 150"仍旧是个体所能认识和处理的人际关系的上限。大多数时候，我们都生活在 5 人核心小组、15 人互助小组以及 50 人的营居群中。个体需要以新的方式来回应更庞大的群体，而我们将重新审视三种存在——宗教、领袖和战争。但首先，一项考古学的新发现将给予这些问题一些背景。

哥贝克力山丘（见图 6-1）位于土耳其南部城市乌尔法附近，那里是近 20 年来最引人注目的考古发现之一。在哥贝克力山丘，考古学家克劳斯·施密特（Klaus Schmidt）及其所率领的国际团队发掘出了 1.1 万年前的石阵。石阵是由没有家畜、没有庄稼、没有陶器的人类所建造的。当地人民的生活区尚未被发掘出来，他们只是狩猎者和采集者，却创造出了纪念性建筑。其中，巨大的 T 形石块高达 7 米，比英国的巨石阵还要更复杂些，而英国的巨石阵却只有 8000 年的历史。T 形石块表面雕刻着各类动物，包括狐狸、蜘蛛和鸭子。柱石代表人类，这一点可以从其侧面雕刻的胳膊和双手看出。这片复杂的石阵后来被刻意埋葬，因而形成了形状特异的山丘。

图 6-1 哥贝克力遗址中的石阵

这处举世瞩目的遗址至今已有 1.1 万年的历史，它先于农业的起源而存在，并引发了有关复杂社会开端的新思考。

　　哥贝克力山丘遗址挑战了许多考古学假说。特别是其中两个进入了社会脑的背景中。第一个假说是：纪念性建筑只会在定居生活出现后而产生，而定居生活的基础是家畜和农作物。第二个假说是：组织如此规模的建筑工作需要有人来领导整个计划。他必然是一个男人，与如今在希腊和近东开展大型发掘工作的考古学家的普遍特质相比，这位男性领导的想象力和个人魅力不会有丝毫逊色。

　　哥贝克力山丘遗址迫使考古学家不得不去重新思考他们最喜爱的一段历史，考古学家一直认为，农业的力量改变了社会的方方面面。然而，这处异乎寻常的遗址究竟有着怎样的广泛影响呢？农业的出现为我们的社会脑带来了怎样的变化呢？我们是否迅速进化出了一种新构型的大脑，它让我们更擅长处理符号信息，并最终使得村落和城镇生活成为可能？这是考古学家科林·伦弗鲁的观点。新石器革命催生了大量新式的手工艺品、艺术类型和建筑风格。伦弗鲁在其 2007 年出版的著作《史前史：现代心智的成形》（*Prehistory: Making of the Human Mind*）中，表达了对新石器革命的赞叹。在伦弗鲁看来，这些新事物促成了一种完全不同的看待他人和世界的方式，同时，新石器革命也是一次基于农业的定居革命，它允许人们以新的方式开展物质文化生产，而这在之前是绝对不可能的。现代心智正是由此诞生。

　　对此，我们还并不是十分确定。在我们看来，2 万年前生活在近东广阔空旷地域里的猎人，其社会脑似乎并不一定就与加泰土丘上狭小居室里的人有什么差异。加泰土丘位于土耳其，那里曾经是一座拥有 8000 人口的新石器时代城镇，人类最初于公元前 7500 年定居在那里。当然，在类型和品目上，狩猎者和农民所制造的物质产品差别悬殊。然而，哥贝克力山丘上的石阵要古老得多，而且是由没有农耕文明的人类建造的，这就挑战了考古学家的传统观念。

当谈及大局观时，这些近东的第一批农民创造的物质世界十分惹人注目。但我们想要知道的是，他们的社会生活是否仍旧建立在一个血统古老的认知框架之上。类似的推论是 21 世纪心智与中世纪心智之间的悬殊差异，例如，科技取代了炼金术。然而，尽管这两种文化世界的构成原则似乎差别巨大，但我们推测，团体和社群中的人借以相互联结的认知结构大致相同。

在露西课题的开展过程中，菲奥娜·科沃德（Fiona Coward）验证了这些假设。她将近东作为研究区，仔细调查了 591 处考古遗址的文化细目表，时间范围涵盖了公元前 2.1 万年～公元前 6000 年这段时期。这一巨大样本横跨了自寒冷的冰川时代到温暖的全新世之间的气候变化，同样也见证了猎人到农民的转变。最终，人口数量持续增长，人们开始有了固定的住所。这会是现代心智的起源吗？就像伦弗鲁和其他人所声称的那样？

科沃德的兴趣在于研究这段气候动荡期和经济转型期里的社会网

络。她以一个简单的论断为起点：社会网络可以借助物质遗存来追溯。在前面的章节中，我们已经看到了原材料是如何将距离遥远的流动人群联结在一起的。通过对多种不同类型人工制品的交叉比较，科沃德的数据库将这次基于物质文化的社会纽带研究提升到新的层次。这在实践中意味着，科沃德比较了遍及整个近东的近 600 处遗址，其历史范围就是 15 个 1000 年的时间片。这些遗址所包含内容的相似性，将它们社会性地捆绑在一起。不同种类的物质文化被一一列明：艺术、墓葬、建筑及其他造型物、磨制石器、炉灶、打制石器、赭石、饰品及珠宝、贝壳及骨制品。这些物质留存为每一段时间片都创造了亲密关系的母体，测量了生活在特定遗址中的人类之间的物质纽带强度。

科沃德发现了什么呢？公元前 1.3 万年之后，近东的社会网络联结开始集中，网络中少量遗址的物质产品变得比其他遗址更加富足。这些都在我们的预料之中，因为气候在变化，最早定居的人群的样本也出现了。第一批农民的社会网络也比早前猎人的社会网络要更加广泛，其延伸的范围远远超出了猎人为搬运原材料而抵达的距离。因为巨量新生事物的出现已常态化，所以遗址间的纽带也开始随着时间的推移而不断增强。但有趣的是，计算得到的能够形成联结的比例却并不匹配，比例提示了社会网络的密度。在这里，随着时间的推移，这一数字其实是下降的。

新石器时代的物质文化大爆发一直让考古学家惊叹不已，他们甚至将其称为一场革命。一些考古学家还将此视为现代心智成形的时刻。然而，他们这样做的时候却没有考虑到社会网络。社会网络需要这些元素，还需要构成其应用基础的认知能力。我们并不否认新石器时代的物质大爆发，但它不是现代心智到来的标识。科沃德的研究采取了社会脑的视角，表明另一项事实的可能性更大，即对既有认知框架的扩充。与一个新的、新石器时代的心智相反，我们发现了普通社会脑的连续演变证据。

科沃德得出的结论是：物质文化本身就是形成大局观的催化剂。猎人和农民毕竟都是相同的人种：智人。他们看待世界的方式也许有所不同，就像中世纪炼金术士与现代科学家在世界观上会有分歧一样。然而，当要构建关系网络时，他们会使用相同的认知框架，这个框架是他们进化出来用以解决白昼时间太短和额外认知负荷问题的。社交的对象并非无足轻重的角色，而是具备社会意义的个体。新石器时代与旧石器时代人工制品之间的比较让考古学家惊诧不已，事实上，人工制品网络是将认知领域的成本转移到物质世界的典型方式。

最早的人族动物只有很小的社群、简单的石器和为数不多的成员，却踏上了通向复杂性的道路。在公元前2.1万年～公元前6000年这段关键时期，我们所看到的是将人类捆绑在一起的物质的增量过程。到这一时期结束时，人类早已深陷在文化网络中难以自拔，就像被小人国的绳索层层捆绑的格列佛一样。社会脑的水平，如"邓巴数 150"仍旧保持不变，但因为农业出现，人口规模的激增成为可能。现在，所有人在社会互动过程中使用的都是相同的认知框架。社会变得真正意义上纷繁复杂了，它将狩猎者和采集者远远地抛在了身后，尤其是在数字时代到来后，但社会生活仍旧是由某些基本的认知原则所限制的，它们深植于我们祖先的谱系之中。

发掘个人魅力

哥贝克力石阵纪念碑有可能在没有领袖组织工作的情况下完成吗？设计、采石、雕刻和架设，这些都必须有某个人来指导，更不消说回填遗址了。仅仅是其中一个圆形圈地就需要 500 立方米的碎石来掩埋。彼时彼地的人必须认同这一宏伟设计，但它的好处我们却晦涩不明，尤其是考虑到那些劳动力是以狩猎和采集为生的，这一现象更让人费解。如果他们是农民，考古学家就不会那么惊讶于这些纪念碑了。这些纪念碑告诉我们许多关于人类自己的故事，以及人类思考过去的方式。

宗教有可能为此提供动机和可能的解释吗？组织严密的宗教的最早证据来自新石器时代的黎凡特遗址，距今大约有 8000 年历史，其中的部分建筑被判定为祭祀遗址。后来，一些更严谨的考古学家已经不愿再过度夸大这些建筑物的功能。然而，等到后来的青铜时代，祭祀遗址和宗教工艺品的可争议之处已经极为稀少，我们也因此有了更加坚定的立场。只有在所需的概念工具准备就绪时，这些遗址或物品才能够被创造出来、得以存在。由此我们可以推断，作为概念和仪式现象，似乎这些宗教活动本身就有着更为深刻的根源。

鉴于组织化宗教的作用是强迫群体去服从公共纪律，我们可以推测，这类宗教之所以兴起，合理解释是大型社群所承受的社会和心理压力增大。如果定居生活要安然延续下去，那么有两个问题必须解决。第一是要消除因彼此靠近而产生的生活压力。此时，逃避是极为困难的，因为狩猎者那种迁居的解决方法已经不再奏效。第二是要管理和控制那些"搭便车"行为。坐享其成者无本获利的做法很可能会侵蚀公共契约的根基，而公共契约是大型村落生活的必要支撑。

农业到底是生态学问题的解决方案，还是开辟新机遇的偶然发现，这对我们来说不是最迫切的问题。我们的关注点在于现实情况的转变：居住在居民地带来了新的紧张冲突，这可能会影响我们所知的现代人类生活的后续发展，以及它的所有文化成果。如果人类无法找到解决社会制约的方法，那么现代社会将永远无法诞生。

一个变得尤其重要的特征是魅力型领袖现象出现。我们的合作者马克·范·伍格特（Mark van Vugt）对这一主题极为感兴趣，他曾与安加那·阿胡贾（Anjana Ahuja）在 2010 年共同撰写了《选择：为什么有些人是领袖，为什么其他人会顺从，为什么这至关重要》（ *Selected: Why Some People Lead, Why Others Follow, and Why It Matters* ）。虽然狩猎－采集者社会避开了所有社会差异，但在所有后新石器社会以及由之产生的教义性宗教中，魅力型领袖都发挥着非常重要的作用。一方面，魅力型领袖提供了领导力；另一方面，他们提供了一个焦点，群体成员可以围绕焦点聚拢。

在 150 人规模的社群中，领导者也许是不必要的：各个成员之间彼此相识，群体中只有大约 20～25 名成年男性，要达成共同的目标自然不会太困难。但在 1500 人的群体中，成年男性的数量会增加 10 倍，达成共识的难度也会相应提高。此外，在年龄、技能、经验和声望方面，大型群体中的各个男性必然存在种种差异，这会使得情势更趋复杂化。太多的男性会导致争执和分歧风险的增加，因为他们中的许多人地位大致相当。在这种情况下，魅力型领袖提供了自然焦点，所有人都能够围绕这个焦点聚拢，并认同领袖偶然信仰的任何规条。

魅力型领袖在宗教中扮演了异常重要的角色。大多数教义性宗教都是由一位魅力型领袖所创立的，这些人包括琐罗亚斯德、释迦牟尼、耶稣基督以及穆罕默德。今天的所有主流宗教在诞生之初，都是某个前辈宗教中的少数派。事实上，宗教的一个特点就是它们似乎具备孕育派系的自然倾向。在大多数情况下，这些宗教最初都只有很小的规模，而它们的延续取决于它们吸收忠诚信徒的速度。这也是宗教信仰的一个特点，无论个体皈依了怎样的信仰，宗教都可以唤起强烈的情感承诺，似乎精神世界能够对人类的心智实施独特的情绪控制。

那些帮助个体成为魅力型领袖的技能，同样也能够在世俗世界中发挥重要作用。新石器革命所释放的力量，在随后的 1000 年里逐渐催生了越来越多的大型政治单位。等到公元前 3000 年，城邦里出现了国王和大臣。时至今日，魅力型领袖仍旧不断带领各种不同类型的世俗组织走向成功，包括企业、学校、医院和慈善机构等。

在超级大团体的背景中，魅力型领袖变成了非常重要的角色，因为他允许团体为自身施加一些约束，以沟通巨量人口的不同阶层。由领袖来协调和管理行为的群体，其优势不言自明。但这是要付出代价的，因为每个个体的利益都稍有不同，及至最后，应运而生的领袖会始终追求一种更符合自身利益的策略，而这不仅仅是因为，所有身在群体中的人对最佳做法持有自己的观点。不论个体的意愿如何，一位魅力型领袖都能够说服所有人去一致行动。从长远来看，如果行动一致的净收益超越了各谋其利的净收益，那么魅力型领袖对群体而言就是有益的。

研究人员将抵御掠夺者视为促使政治组织或社会团体规模稳步增长的主要选择因素，自新石器时代起，这一点就清晰可辨。社会学家艾伦·约翰逊（Alan Johnson）和考古学家蒂莫西·厄尔（Timothy

Earle）在他们的开创性著作《人类社会的进化》（*The Evolution of Human Societies*）中，明确讲述了这一因素。在他们以及越来越多的进化社会学家看来，战争是居民地（村庄、城镇、城市、城邦）持续增大的主要驱动力，这些居民地随着第一批村庄的出现已经发展了7000～8000年的时间。

劫掠本身是一种搭便车的行为，以损害他人来为自己谋利。当只损耗些许的能量、承担微小的风险，就能攫取他人的劳动成果、满足自身的全部需求时，为什么还要去费力谋生呢？随着这种搭便车行为优势的增加，利益愈发诱人，抵御劫掠变得越来越必要。相较于一群缺乏协调的乌合之众，指令清晰、目的明确的高度组织化军队自然更容易取得成功。在这样的背景下，魅力型领袖得到了应有的重视。

从某种意义上讲，魅力型领袖的崛起带我们跨越了远古历史的边界，进入本书主要焦点之外的历史。然而，我们认为，当人类开始生活在大型居民地时，他们就必须努力去克服其中的压力和冲突，新石器时代和现代之间发生的许多事情的根源就在于此。世俗的魅力型领袖通常也会有标榜其身份地位的排场，如侍从和招摇的举动，这些与宗教领袖的教士、仪式和举行仪式的场所相似。两者所寻求的都是迫使追随者服从公共规则，以促成更加有效的协作。这样的合作从本质上说并不稳定，因为公共规则从来都无法均等地讨好所有人。一些人总是会觉得自己为公共付出了不相称的努力，并最终感到愤愤不平，甚至觉得自己有权反抗。

就像宗教会持续以魅力型领袖为核心分裂出新派系一样，政治组织也会因派系斗争和革命而崩解。新石器时代促成了经济变革，也带来了种种问题。身为一个物种，现代人类给出的解决方法是所有不完美方案中最好的一个。这主要是因为，现代人类用于解决问题的心理源自生活在分散团体中的流动的狩猎－采集者，我们的祖先在先前700万年里都是采取这一行为模式的。

成为超级连接者

在协助人类扩张上，如魅力型领袖和组织化宗教这样的强大因子，扮演了非常重要的角色。然而，仍旧有其他的"古老"品质同样有助于组建新的大型社群。我们个人能够应对的人际关系数量，正如我们所知的那样，没有发生改变。对我们和10万年前的人类来说，邓巴数都是一个无法规避的现实。我们所学会的，就是精心组建自己的人际网络。在黑猩猩社群中，两只黑猩猩的关系网络几乎完全一致，所有的黑猩猩都彼此相识。然而在人类世界里，我们也许都认识村落或街道上的大多数人，但在工作上、体育运动中、兴趣爱好里，我们却有着完全不同的人际关系网络。我们能够有选择性地轻易切换。

柴尔德所指出的新石器时代的行业和阶层暗示了这种切换的起源。商人想要且需要与其他商人交易，而所谓的其他商人也许生活在距离自己家乡数百公里外的地方。制陶工人和金属工人会想要与其他拥有相同技能的人探讨技巧。领袖与领袖打交道：当征服者威廉将英格兰分封给 180 名追随者时，他就是在简单粗暴地遵循社会脑规则。

魅力型领袖、宗教和精心挑选的人际网络延续了一贯的强势，它们深厚的历史渊源尚不能被我们完全了解，就像哥贝克力石阵表现出来的那样。我们想要强调的是，考古往往能够促使我们细致地审视人类历史的伟大成就。所有见过古城护堤、金字塔或卡纳克巨石林的人，无不惊叹于这种可触摸到的过往巨大社会性协作的证据。无论是平等协作，还是由顶层驱动的协作，这些集体性的古建筑都说明了人们会按部就班地聚集在一起，聚集者的数量远超自己的祖辈。这些社会都成功运转了起来，因为他们"古老"的大脑能够应对新的社会生活的规模。选择性的阶层网络为机构和组织的发展提供了框架。此刻，证明材料的接力棒从考古学传递到文学、历史、社会学和心理学。

掌握传播思想的工具

在近东研究物品网络的过程中，科沃德指出，物品为形成大局观提供了一个框架。这是分布式思维的绝佳范例，它能扩充科技以应对新挑战。在此种情况下，指的是人口数量的挑战。这次物品大爆炸之前，随着脑容量和社群规模的增大，语言填充了梳毛留下的空隙。两种更先进的科技填充了类似的空隙，不过，这一次是帮助组织和协调过去 1.1 万年间的庞大人口。这两种更先进的科技就是书写和发短信。

在我们看来，书写是一种放松机制，它的出现是为了缓解大型社会生活中的压力。形式记号帮助传递命令，帮助分享权谋的精微之处，帮助完成陈述。它同样也是沟通的延伸，并使得正式社会机构的诞生成为可能。

事实上，书写是过去 5000 年历史连续性的保证。因为文字记录的关系，我们对中国人、希腊人和罗马人的了解远超与他们同时期的其他民族。文字记录往往会详细地记述人类自身与建制和管理机构的抗争。书写对社会凝聚力的其他重要助益就是加强交流和提升科技水平。将这两者结合在一起的考古学证据是一艘沉船。公元 1323 年，一艘商船沉没在韩国南部海岸的新安海域。当时，这艘商船正行驶在从中国到日本的海上丝绸之路上，船上载有数以千计的陶瓷件。遗存下来的货物、货单和标签表明，商人们正从中国前往日本，同船的还有旅行的僧侣。在过去的几千年间，还有其他无数的详细考古资料保存了下来，但其中只有很少的古物能够如自时间囊①中发现的那么扣人心弦。新安沉船、庞贝和赫库兰尼姆古城、亨利八世的王船玛丽玫瑰号以及所有能够让我们一瞥昔日社会网络的迷人存在，都是这样的时间囊。

书写也让数字时代成为可能。和书写一样，互联网时代的到来为我们提供了大大拓宽社交圈的机会。事实上，这正是许多社交网站创始人最初的承诺。然而，这些许下的承诺能够实现吗？答案似乎是否定的。尽管有机会在点击"加为好友"按钮的同时创建新的人际关系，但事实上，大多数人的 Facebook 页面都只列下了 100～250 个名字。这是最近针对 100 万 Facebook 页面的一项研究结果。

在我们的另一项研究中，汤姆·波莱特（Tom Pollet）和山姆·罗伯茨调查了 Facebook 的普通用户是否比间歇用户拥有更大的社交圈。结果同样是否定的。另外两项线上研究分别调查了使用电子邮件和 Twitter 来交流信息

① 一个贮藏货物或资料用的物品，作为一种与未来人沟通用的方法。

——译者注

的团体，结果显示，他们的社交圈规模都在100～200人之间。

也许我们无法从根本上增加我们所拥有的人际关系数量，即便科技的发展似乎允许我们这样做。制约我们所作所为的，并非时间或记忆力，而是我们心灵中为朋友准备的有限空间。然而，还存在着另一个因素使得互联网无法给予我们更多，或者说互联网无法给予我们更复杂的社会网络，这也是我们发现基于文本媒介建立的人际关系并不令人满意的原因所在。

塔蒂亚娜·弗拉霍维奇（Tatiana Vlahovic）和山姆·罗伯茨开展了一项研究，他们要求被试评价自己在两周时间里与5名好友的互动满意度。面对面的互动以及借助视频的互动获得了较高的满意度评价，而借助电话、短信、即时消息或社交网站的互动则评价较低，尽管交流对象都是同一批人。

这部分是因为这些其他媒介缓慢而笨拙，因为对幽默评论的回复，其到来总是不可避免地伴随着一定程度的延迟。等它到来时，交流的兴奋感早已褪去。视频之所以胜出，是因为它创造了一种同处一室的感觉，一种共同在场的体验。这意味着它的交流节奏较之文本媒介要快上许多：在我讲笑话的同时，我也看到你的脸上绽放出笑容。这种效应非常强大，那些我们在酒吧觉得滑稽可笑的故事，到了邮件里就会变得索然寡味。此外，和面对面的接触一样，视频的感觉体验非常丰富，我们能听到也能看到对方，交流中也允许通信冗余。

数字世界及其连接的数十亿人口，两者所完成的工作正是扩充现存的通信技术。我们只举一例就能充分说明这一点：那就是单词的数量。1950年，世界人口达到25亿，英语单词的数量共计50万。大约50年之后，根据谷歌的显示，单词的数量已经超过了100万，其中每年约产生8000个新单词。在同一时期，人口的增长甚至更快，将近70亿。单词的增长是由人口的增长所驱动的，并由超文本标记语言（HTML）开启的可能性所扩充。超文本标记语言由蒂姆·伯纳斯－李于1993年发明。大规模人口和新技术形成的联合体，借助古老的增量程序，推动了我们现在用以连接无数不同社会团体的单词的发展。图像也发生了同样的变化，但就目前的技术手段而言，图像更加接近于考古物品，且无法像单词那样被轻易量化。这也导致了一个不可避免的结果：英语被分裂为若干新的语言，因为每个人、每个由互动的人组成的群体，都只能应付有限的词汇量，对英语来说是60000个单词左右。这些词汇是他们认识且经常使用的。

数字世界中还有一件缺乏的东西，那就是触摸。触摸是我们社会生活中真正重要的部分，即便对方是陌生人也是如此。指尖梳毛是我们自灵长目继承的遗产，至今仍旧意义非凡。我们触摸他人的方式，可以比言语更好地表明我们的真实意图。语言是一种油滑之物：倘若运用恰当的语气、语调或伴以特定的手势，一句话可以表达出与字面内容完全相反的意思。到目前为止，还没有人能够破解虚拟触摸的问题，但如果他们做到了，那么这可能意味着我们能力的重大突破，在互联网上创建超大型的、联结良好的社群。

当然，Twitter 是数字世界中的一个新角色，很多人都将它颂赞为伟大的民主化创新事物。现在，我们只要敲一下键盘就可以组织快闪族和大规模抗议活动。从某种意义上说，这是千真万确的：Twitter 在协调某些民主运动上扮演着一个开创性角色。但 Twitter 并不能形成人际关系，它更像是黑夜中闪烁的灯塔，不会计较是否有船只在那里仰望。那些研究过这一事件的人都很清楚，民主运动的根源不在 Twitter 本身，而在于少量魅力型领袖面对面的人际网络，是这些人将整个运动推到了风口浪尖上。Twitter 可以让我们协调出一次聚会的具体时间和地点，但它无法组织社会或政治运动。和文化偶像一样，这些运动起因于领袖和追随者之间的个人关系，而这一直都是贯穿我们自身历史的模式。

THINKING BIG

HOW THE EVOLUTION OF SOCIAL LIFE SHAPED THE HUMAN MIND

结语

**拥有大局观，
不受限于当下**

作为本书的作者，我们的特权就是可以退后一步，以进化心理学和考古学为背景知识，长远地考虑问题。我们任凭自己沉溺于大局观的角度。我们可以在现代人类繁杂的多样性中，寻找重复出现的古老模型。人类脑容量在过去 200 万年间的增长，无疑是对社会压力的回应，这种压力存在于我们种族的内部，与外部世界没有直接关联。脑容量的增长与人类群体规模的增大相关，这一观察处于社会脑理论的核心，但远非我们要讲述的全部故事。这种与脑容量的相关关系必然是近似的。人类现如今的体格比 3 万年前冰川期时纤弱了许多，我们现在的脑容量也有轻微的减小。然而，所有现代人都有相近的脑容量和脑结构，这赋予我们共同的能力，也使我们承受了共同的限制。在我们的日常生活中，真正重要的东西始终都是那些自人类的黎明时期便干系重大的事情，比如我们出生和成长的环境，我们建立的友谊，以及我们把握住的机会。

　　在本书的开始部分，我们曾提出一个问题：人族的大脑是在何时转变为人类的大脑的？这个问题中存在一条线索，我们可以追溯到林奈第一次为我们所属的种贴上智人标签的时刻。人属在 200 多万年前就已经出现。我们也许应该将这些祖先作为人类来参照考察，而非用神秘的名字（如古人）将他们与我们割裂开来。

如果我们将自己的种命名为智人是以生物学为依据的，那么遗传学就是将我们定位在了与尼安德特人的祖先分离之后，而骸骨证据则将我们置于大约 20 万年前的非洲某地。我们询问自己，是否应该邀请赫托人共进晚餐。我们也必须承认，这样的问题已经变得非常主观臆断。即使是在今天，现代人类文化也允许多样性存在。

巴西亚诺玛米人甚或是欧亚大草原上的牧民的艰苦生活，不会让现代西方读者感到舒适。当来自小型社会的个体被拖入大型社会时，他们也会感到困惑，例如，英国本土国王卡拉克塔克斯。公元 1 世纪，卡拉克塔克斯拖着沉重的铁链来到罗马，他对俘虏自己的人说："你们享有这些宏伟的建筑……为什么还要来抢夺我们的残屋陋舍？"这些差异并没有否认人类文化能力的根本统一性。如果我们回到赫托人的问题，那么，他们就必须被划归为我们中的一员。现代人类的大流散可以追溯到共同的根源，它不会超过 20 万年，在一定程度上我们都是近亲，其中有一些可能是远房表亲。20 万年的扩张辐射在最充分的意义上代表了人性。

　　社会脑理论能够帮助我们解决下一个大悖论吗？也就是为什么在最初的 10 万年间，这些现代人类只做了相对极少的有现代意义的事情？即便我们完全赞同 5 万年前曾出现了一次现代"人类革命"，在人类发展出农业、村落、城市和文明之前，也还余有 4 万年甚至更多的时间。社会脑理论帮助我们看到，这种升级换代只有在人类获得意向性等级、语言和联结方式时才成为可能，因为现在人类已经可以生活在大型社会中了。农业，无论它是怎样起源的，都将不可避免地造就大量的人口。从那时起，这些文字所概述的组织原则，就在我们称为智人的种群中合情合理地运转起来了。

图 7-1　现代社会生活

　　现代生活的规模和复杂性要求社会脑采纳一种新的选择能力：个体使用旧的人际网络原则来绘制生活路径。

　　这种变革力量的当代范例就是互联网的蓬勃发展。只有极少数人预见了互联网潜在的力量，没有人能够预见它的所有后续影响。一方面，互联网代表了一种人类行为改变的现象，自 1993 年起，互联网只用了一代人的时间便在世界范围内，甚至是物种范围内广泛普及。作为市民个体，我们可以自由地去忽视电子革命，然而，随着时间的推移，这正在变得越来越不可能。互联网渗入了我们生活的方方面面，从家庭到工作场所，从海滩到餐馆。

　　然而，在另一方面，我们在本书中谈论的社交网站似乎仍旧存在局限性。诸如 Facebook 和 Twitter 这样的互联网巨头，其成功都依赖于人们对社会交往和人际网络的渴望。在政治领域，那些代表政府的人在某种意义上"人格化"了政府，也就是使政府具备了人格。八国集团（G8）和二十国集团（G20）峰会就是这座冰山的一角。有趣的是，世界上大概有 200 多个国家，处于邓巴数的自然偏差范围内，我们将规模向下缩减：它们中最强大的 12 个国家（其上为最强大的 36 个国家）拥有迄今最大的话语权。它们的网络不仅由国家元首连接，也由部长和官员的秘密会议搭建。这些人也有自己选择的人际网络。世界因为这个网络而得以运转。

　　通过研究社会脑的远古历史，我们可以证明的是，社会网络必然依托于特定的规模和特定的张力而存在。它的运转只能是因为人类的过往历史。在炉火边，在人类狩猎的过程中，在人类进化的草原上，社会网络演变成熟。社交网站把握住了当下火热的科技时尚潮流——所谓的"科技领导创新"理念。尽管这些最前沿的科技赋予了自身种种荣耀，也向外传达了诸多理念，但铭刻在其上的原则仍旧是根源自我们深远的进化历史。

我们诚挚地感谢英国科学院，是他们资助了这个将人文科学与社会科学结合到一起的课题。我们同样极为幸运地拥有了一个由加里·朗西曼、温迪·詹姆斯（Wendy James）、肯·埃蒙德（Ken Emond）组成的督导委员会。他们阅读了所有的报告，出席了所有的相关会议。他们的热情支持与指导对于此次课题研究的成功，有着不可估量的作用。我们同样要感谢不列颠学会会员 David Philipson，因为有了他的帮助，我们在非洲的研究工作得以顺利展开。

本课题的荣誉研究员们也给予了许多宝贵的鼓励和建议，他们是：Leslie Aiello、Holly Arrow、Filippo Aureli、Larry Barham、Alan Barnard、Robin Crompton 、William Davies 、Victoria Winton 以及 Sonia Zakrzewski 。

我们的目标之一是培育人类进化领域的下一代研究人员，他们要能够横跨人文与社会两大学科进行研究。我们拥有一群优秀的博士后和研究生，他们中的许多人现在都工作在世界上的各大院校中，这让我们觉得很欣慰。我们的博士后研究员包括: Quentin Atkinson、Max Burton、Margaret Clegg、Fiona Coward、Oliver Curry、Matt Grove、Jane Hallos、Mandy Korstjens、Julia Lehmann、Stephen Lycett、Anna Machin、Sam Roberts 和 Natalie Uomini，我们的研究助理是 Anna Frangou 和 Peter Morgan。

我们的研究生包括: Katherine Andrews、Isabel Behncke、Caroline Bettridge、Peter Bond、Vicky Brant、Lisa Cashmore、James Cole、Richard Davies、Hannah Fluck、Babis Garefalakis、Iris Glaesslein、Charlie Hardy、Wendy Iredale、Minna Lyons、Marc Mehu、Dora Moutsiou、Emma Nelson、Adam Newton、Kit Opie、Ellie Pearce、Phil Purslow、Yvan Russell 和 Andy Shuttleworth。

有关非洲的研究工作，约翰·格列特想要感谢 Stephen Rucina、Isaya Onjala、Sally Hoare、Andy Herries、James Brink、Maura Butler、肯尼亚国家博物馆和肯尼亚科技期刊学会；还有 Nick Debenham、Richard Preece、David Bridgland、Simon Lewis、Simon Parfitt、Jack Harris、Richard Wrangham 和 Naama Goren-Inbar。

我们的研究员基金和奖学金主要来自英国科学院百年纪念项目，我们的研究会议、实地考察工作和进修假期的资金，主要来自由英国科学院的研究资助、小额赠款、会议和交流资金项目管理的基金。我们也非常感谢来自艺术和人文研究委员会，经济和社会研究委员会，工程和物理科学研究委员会，利华休姆信托基金会，博伊西基金和欧盟第六、第七框架项目的额外资助。我们同样收到了来自我们的所属机构牛津大学、利物浦大学、皇家霍洛威大学和南安普顿大学的慷慨支持。

未来，属于终身学习者

我这辈子遇到的聪明人（来自各行各业的聪明人）没有不每天阅读的——没有，一个都没有。巴菲特读书之多，我读书之多，可能会让你感到吃惊。孩子们都笑话我。他们觉得我是一本长了两条腿的书。

——查理·芒格

互联网改变了信息连接的方式；指数型技术在迅速颠覆着现有的商业世界；人工智能已经开始抢占人类的工作岗位……

未来，到底需要什么样的人才？

改变命运唯一的策略是你要变成终身学习者。未来世界将不再需要单一的技能型人才，而是需要具备完善的知识结构、极强逻辑思考力和高感知力的复合型人才。优秀的人往往通过阅读建立足够强大的抽象思维能力，获得异于众人的思考和整合能力。未来，将属于终身学习者！而阅读必定和终身学习形影不离。

很多人读书，追求的是干货，寻求的是立刻行之有效的解决方案。其实这是一种留在舒适区的阅读方法。在这个充满不确定性的年代，答案不会简单地出现在书里，因为生活根本就没有标准确切的答案，你也不能期望过去的经验能解决未来的问题。

湛庐阅读APP：与最聪明的人共同进化

有人常常把成本支出的焦点放在书价上，把读完一本书当作阅读的终结。其实不然。

时间是读者付出的最大阅读成本
怎么读是读者面临的最大阅读障碍
"读书破万卷"不仅仅在"万"，更重要的是在"破"！

现在，我们构建了全新的 "湛庐阅读"APP。它将成为你"破万卷"的新居所。在这里：

- 不用考虑读什么，你可以便捷找到纸书、有声书和各种声音产品；
- 你可以学会怎么读，你将发现集泛读、通读、精读于一体的阅读解决方案；
- 你会与作者、译者、专家、推荐人和阅读教练相遇，他们是优质思想的发源地；
- 你会与优秀的读者和终身学习者为伍，他们对阅读和学习有着持久的热情和源源不绝的内驱力。

从单一到复合，从知道到精通，从理解到创造，湛庐希望建立一个"与最聪明的人共同进化"的社区，成为人类先进思想交汇的聚集地，与你共同迎接未来。

与此同时，我们希望能够重新定义你的学习场景，让你随时随地收获有内容、有价值的思想，通过阅读实现终身学习。这是我们的使命和价值。

湛庐阅读APP玩转指南

湛庐阅读APP结构图：

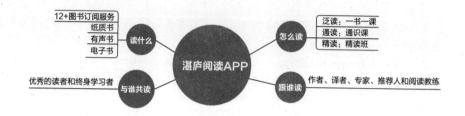

三步玩转湛庐阅读APP：

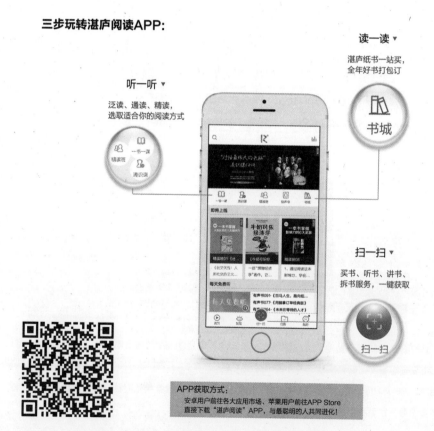

读一读 ▼

湛庐纸书一站买，
全年好书打包订

书城

听一听 ▼

泛读、通读、精读，
选取适合你的阅读方式

扫一扫 ▼

买书、听书、讲书、
拆书服务，一键获取

扫一扫

使用APP扫一扫功能，
遇见书里书外更大的世界！

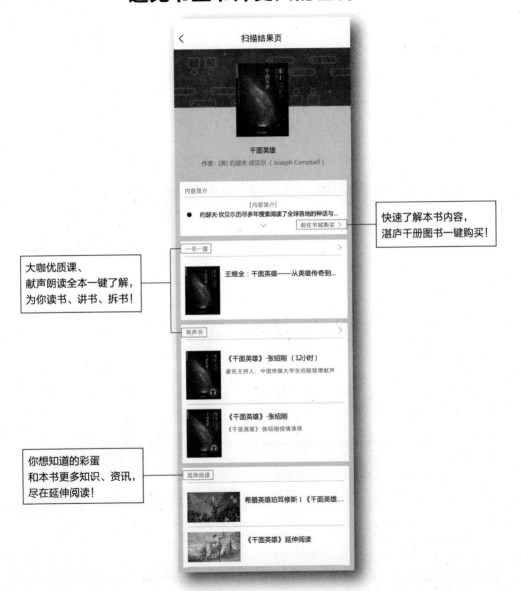

快速了解本书内容，
湛庐千册图书一键购买！

大咖优质课、
献声朗读全本一键了解，
为你读书、讲书、拆书！

你想知道的彩蛋
和本书更多知识、资讯，
尽在延伸阅读！

图书在版编目（CIP）数据

大局观从何而来/（英）罗宾·邓巴,（英）克莱夫
·甘伯尔,（英）约翰·格列特著；刘腾达译. — 成都：
四川人民出版社, 2019.6
　ISBN 978-7-220-11339-0

　Ⅰ.①大… Ⅱ.①罗… ②克… ③约… ④刘… Ⅲ.
①脑科学—研究 Ⅳ.①Q983

中国版本图书馆CIP数据核字（2019）第068612号
著作权合同登记号
图字: 21-2018-716

上架指导：社会科学 / 社群研究

本书法律顾问　北京市盈科律师事务所　**崔爽律师**
张雅琴律师

DAJUGUAN CONG HE ER LAI
大局观从何而来

[英] 罗宾·邓巴　克莱夫·甘伯尔　约翰·格列特　著　刘腾达　译

责任编辑：邓泽玲　杨　立
版式设计：张志浩
封面设计：ablackcover.com

四川人民出版社
（成都市槐树街 2 号　　610031）
石家庄继文印刷有限公司印刷　新华书店经销
字数 219 千字　开本 720 毫米 ×965 毫米　1/16　印张 22.25　插页 1
2019 年 6 月第 1 版　2019 年 6 月第 1 次印刷
ISBN 978-7-220-11339-0
定价：79.90 元